數字就藏在你我身邊
生活萬事問
數學
改變你看待日常生活的觀點
培養解謎式思維的61
U0073209

前言

各位對數學抱持什麼印象呢？或許不少人都抱有「很難懂」、「計算繁雜」、「公式非常多」等負面的印象吧，不過我想應該也有人抱持著「有趣」、「解開時很開心」等正面印象才是。

從小學的算數開始，再到國中乃至於高中的數學課，曾因為這些課業經歷挫折的人，往往都有著「突然聽不懂老師上課時在講什麼」或「無法解出正確答案，拿不到分數而沮喪」等等開始排斥數學的起因。筆者自身在國中時期也有類似的經驗，所以很了解這種心情。

然而另一方面，人其實是喜歡「思考」與「獲得知識」的動物。正是因為我們對尚未了解的事物產生興趣，科學才得以發展，並迎來今日的榮景。而想要輕鬆做到「思考」與「獲得知識」，數學就是各位最大的幫手。本書正是以數學為題材，透過數學謎題讓各位體驗解謎樂趣的實用書籍。

本書收錄的謎題，大多是「幾乎不需要數學知識，只要細心思考就能解開的問題」。各位可能會在謹慎、仔細地思考後找到解開謎底的方法，也可能靈光乍現，迅速解出答案……是的，本書並沒有解題方法的限制。

試著每天花5分鐘解開一個題目吧。潛藏於日常生活中的數學、沒有複雜算式只有思考樂趣的謎題、有趣的計算過程等等，本書的謎題將能從各式各樣的角度，讓各位快樂地動腦及解題。

答案不必正確，只要能從中享受思考的趣味就已經足夠了。希望各位能藉此找到數學生動有趣的一面，並實踐於生活之中。

橫山 明日希

目　次

Question.01

難易度

搭電梯
所需的時間

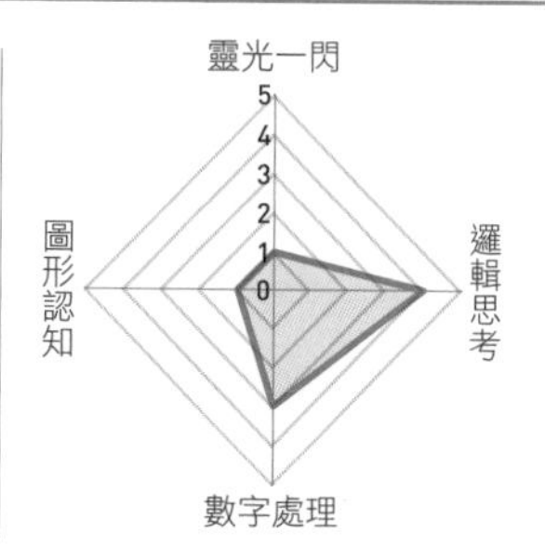

有座從1樓到5樓
需要花費20秒的電梯。
請問搭乘這座電梯
從1樓到10樓需要花費幾秒？

HINT

雖然你可以憑直覺回答，但這是直覺容易出錯的題目。請仔細想像狀況後再作答吧。

Answer

45秒。

解說 **這是最具代表性的陷阱題。**

應該有許多人抱著「5樓的2倍是10樓所以是20×2＝40秒」的想法，馬上就翻到這頁看解說了吧。正確答案其實是「45秒」。

請看圖1。從1樓升到5樓，其實是升了5−1＝4樓，這才是本題的關鍵。也就是說，升上1樓等於要花費20÷4＝5秒的時間。由於升到10樓等於升了10−1＝9樓，所以答案是5×9＝45秒。

這與種了1排5棵樹時，從第1棵樹到第5棵樹只有4段間隔的道理相同（圖2）。這種算數問題被稱為「植樹問題」，這類問題只要透過圖片、圖形來想像真實情況，就不容易弄錯。

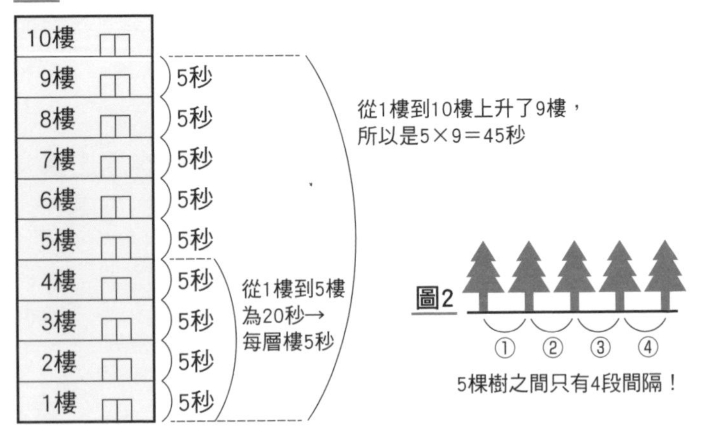

Question.02

難易度

每年只有1組2個完全相同的月份

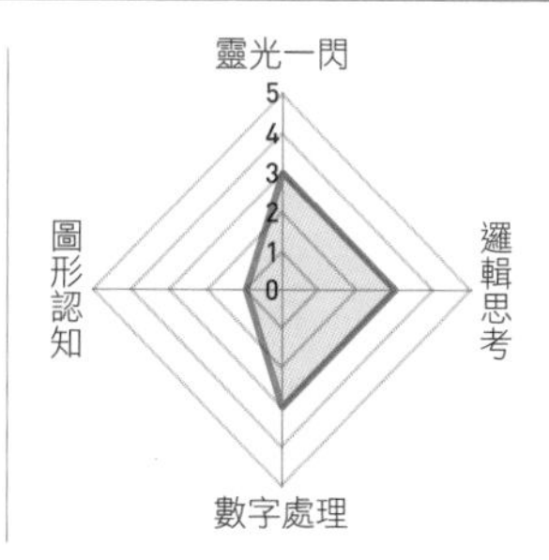

在1年之中，
會有2個月的日期完全相同
（不論天數還是星期都完全相同）。
這2個月是幾月跟幾月？

HINT

直接看月曆尋找似乎也是不錯的方法。至少像2月與4月天數就不相同，很快就能對照出答案。

Answer

非閏年時為1月與10月。
閏年時為1月與7月。

解說　月曆鮮為人知的秘密。

這個問題的答案只要翻翻月曆便一目瞭然。

之所以會完全相同，原因是閏年時，7月1日是1月1日的182天後，也就是剛好26週後，星期會完全相同（平年則是10月1日為1月1日的剛好39週後）。將相同天數的月份的第1日拿來比較，剛好會是第〇週之後的組合只有這組而已。

1月與7月的共同點（平年是1月與10月）

閏年（2020年）

1

S	M	T	W	T	F	S
			1	2	3	4
5	6	7	8	9	10	11
12	13	14	15	16	17	18
19	20	21	22	23	24	25
26	27	28	29	30	31	

2

S	M	T	W	T	F	S
						1
2	3	4	5	6	7	8
9	10	11	12	13	14	15
16	17	18	19	20	21	22
23	24	25	26	27	28	29

3

S	M	T	W	T	F	S
1	2	3	4	5	6	7
8	9	10	11	12	13	14
15	16	17	18	19	20	21
22	23	24	25	26	27	28
29	30	31				

4

S	M	T	W	T	F	S
			1	2	3	4
5	6	7	8	9	10	11
12	13	14	15	16	17	18
19	20	21	22	23	24	25
26	27	28	29	30		

5

S	M	T	W	T	F	S
					1	2
3	4	5	6	7	8	9
10	11	12	13	14	15	16
17	18	19	20	21	22	23
24	25	26	27	28	29	30
31						

6

S	M	T	W	T	F	S
	1	2	3	4	5	6
7	8	9	10	11	12	13
14	15	16	17	18	19	20
21	22	23	24	25	26	27
28	29	30				

7

S	M	T	W	T	F	S
			1	2	3	4
5	6	7	8	9	10	11
12	13	14	15	16	17	18
19	20	21	22	23	24	25
26	27	28	29	30	31	

8

S	M	T	W	T	F	S
						1
2	3	4	5	6	7	8
9	10	11	12	13	14	15
16	17	18	19	20	21	22
23	24	25	26	27	28	29
30	31					

9

S	M	T	W	T	F	S
		1	2	3	4	5
6	7	8	9	10	11	12
13	14	15	16	17	18	19
20	21	22	23	24	25	26
27	28	29	30			

10

S	M	T	W	T	F	S
				1	2	3
4	5	6	7	8	9	10
11	12	13	14	15	16	17
18	19	20	21	22	23	24
25	26	27	28	29	30	31

11

S	M	T	W	T	F	S
1	2	3	4	5	6	7
8	9	10	11	12	13	14
15	16	17	18	19	20	21
22	23	24	25	26	27	28
29	30					

12

S	M	T	W	T	F	S
		1	2	3	4	5
6	7	8	9	10	11	12
13	14	15	16	17	18	19
20	21	22	23	24	25	26
27	28	29	30	31		

平年（2021年）

1

S	M	T	W	T	F	S
					1	2
3	4	5	6	7	8	9
10	11	12	13	14	15	16
17	18	19	20	21	22	23
24	25	26	27	28	29	30
31						

2

S	M	T	W	T	F	S
	1	2	3	4	5	6
7	8	9	10	11	12	13
14	15	16	17	18	19	20
21	22	23	24	25	26	27
28						

3

S	M	T	W	T	F	S
	1	2	3	4	5	6
7	8	9	10	11	12	13
14	15	16	17	18	19	20
21	22	23	24	25	26	27
28	29	30	31			

4

S	M	T	W	T	F	S
				1	2	3
4	5	6	7	8	9	10
11	12	13	14	15	16	17
18	19	20	21	22	23	24
25	26	27	28	29	30	

5

S	M	T	W	T	F	S
						1
2	3	4	5	6	7	8
9	10	11	12	13	14	15
16	17	18	19	20	21	22
23	24	25	26	27	28	29
30	31					

6

S	M	T	W	T	F	S
		1	2	3	4	5
6	7	8	9	10	11	12
13	14	15	16	17	18	19
20	21	22	23	24	25	26
27	28	29	30			

7 July

S	M	T	W	T	F	S
				1	2	3
4	5	6	7	8	9	10
11	12	13	14	15	16	17
18	19	20	21	22	23	24
25	26	27	28	29	30	31

8

S	M	T	W	T	F	S
1	2	3	4	5	6	7
8	9	10	11	12	13	14
15	16	17	18	19	20	21
22	23	24	25	26	27	28
29	30	31				

9

S	M	T	W	T	F	S
			1	2	3	4
5	6	7	8	9	10	11
12	13	14	15	16	17	18
19	20	21	22	23	24	25
26	27	28	29	30		

10

S	M	T	W	T	F	S
					1	2
3	4	5	6	7	8	9
10	11	12	13	14	15	16
17	18	19	20	21	22	23
24	25	26	27	28	29	30
31						

11

S	M	T	W	T	F	S
	1	2	3	4	5	6
7	8	9	10	11	12	13
14	15	16	17	18	19	20
21	22	23	24	25	26	27
28	29	30				

12

S	M	T	W	T	F	S
			1	2	3	4
5	6	7	8	9	10	11
12	13	14	15	16	17	18
19	20	21	22	23	24	25
26	27	28	29	30	31	

難易度

Question.03

將四邊形的蛋糕分給4個人吧

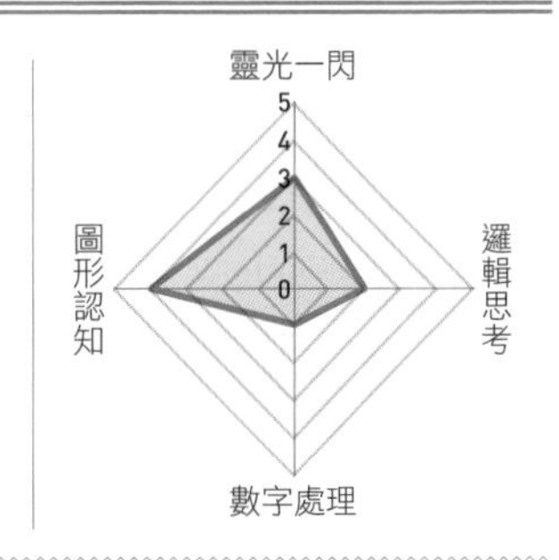

想將正方形的蛋糕分給4個人，
該怎麼切才能切出4塊相同形狀、
相同大小的蛋糕？

HINT

請不要考慮蛋糕上的草莓等裝飾的數量。

另外，答案真的只有1個嗎？請盡可能想像所有可能的答案。

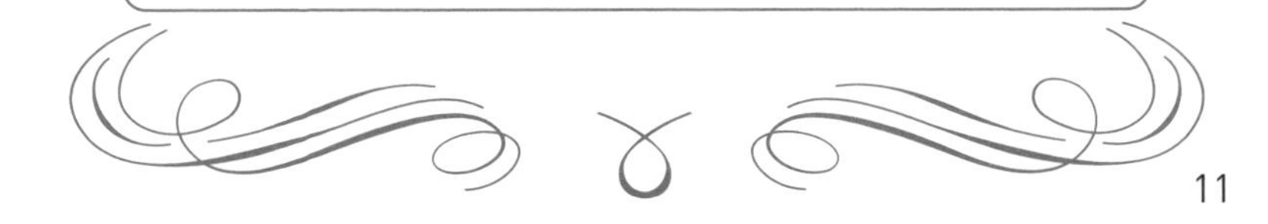

Answer

答案有無限多個！

只要從中心朝4個方向的蛋糕邊緣畫出相同的線即可。
畫出來的線無論是曲線還是彎折的線都可以。

解說 有無限個答案的問題當然也可以是一個好問題。

我想各位首先能想到分成4塊的方法，應該是以下這2種。

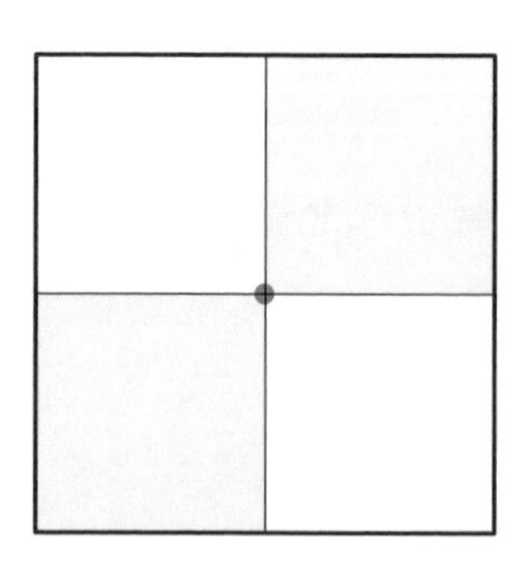

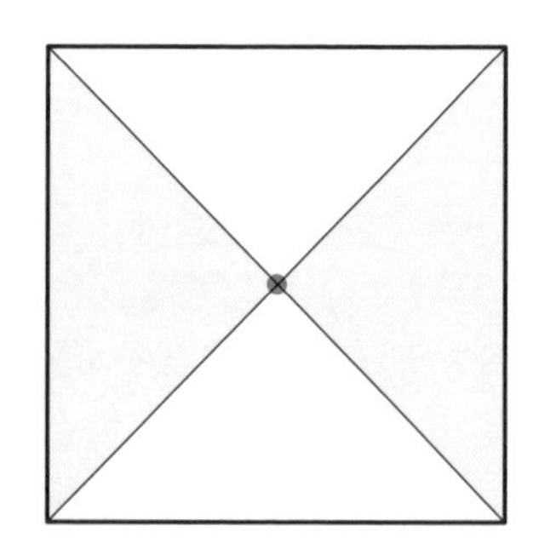

但除此之外，還有各式各樣的蛋糕切法。

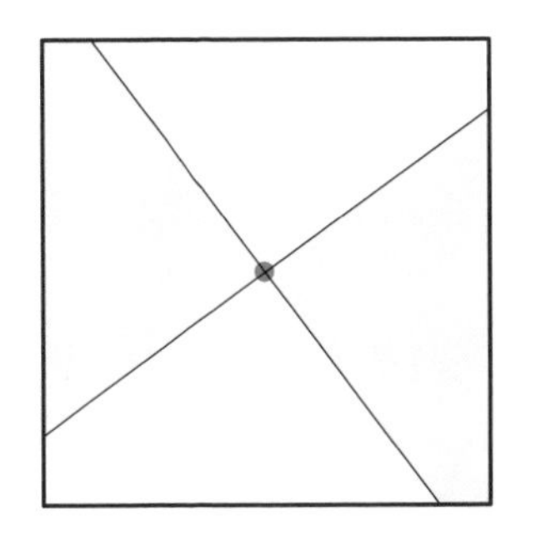

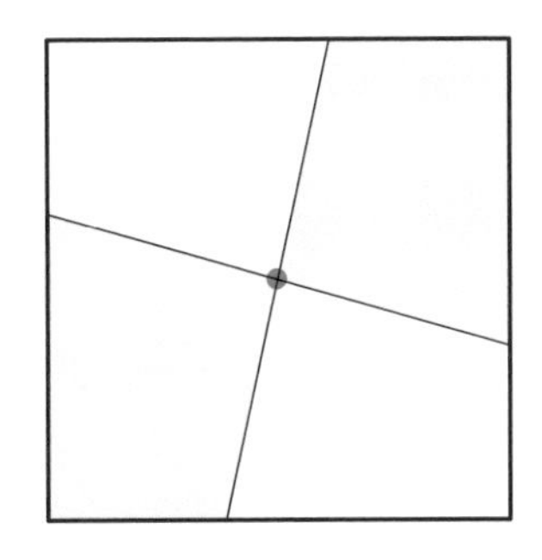

譬如上圖般的切法也是可行的。這些是通過蛋糕中心，不過稍微斜切的蛋糕切法。

看到這裡或許有人已經發現了，只要再切得稍微斜一點，又能找到新的切塊方式。以此類推，就能找到無限多種切法。

而且，就算切的線不是直線也沒有關係。

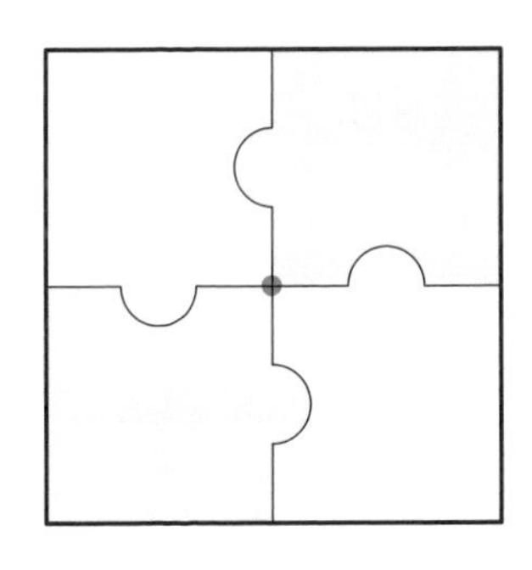

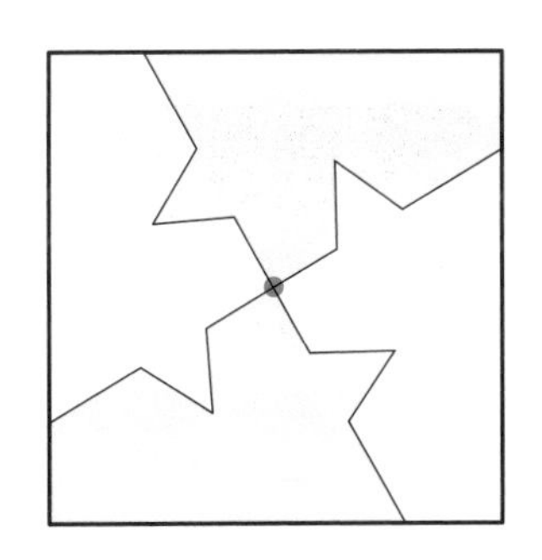

如上面的切法便是其中幾個例子。

有些問題的答案不只1個，也有像這題般只要換個想法、發揮創意，就能找到各種答案的問題。

若各位想到更有趣、更特別的方法，也不妨嘗試看看。

進階問題

將正三角形的蛋糕分給3個人，該怎麼切才能切出3塊相同形狀、相同大小的蛋糕？

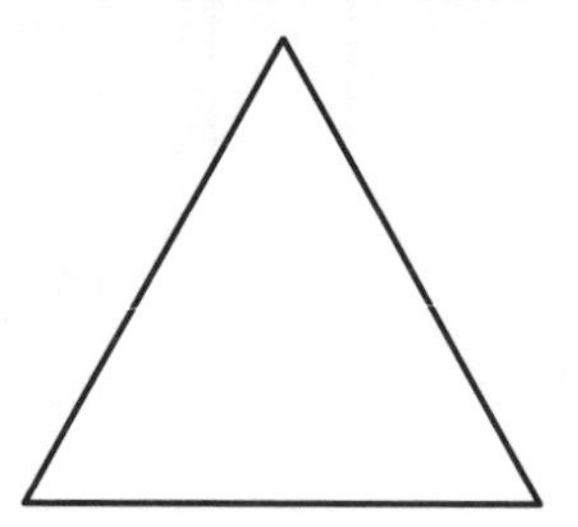

Answer

與正方形蛋糕的做法類似，只要從中心朝3個方向的蛋糕邊緣畫出相同的線即可。

解說　**關鍵字是圖形的「中心」。**

從正三角形3個角的頂點朝中心畫出筆直的線，就可以沿線將蛋糕切成3等分。

除此之外，就算以中心為軸稍微轉動這些線，也同樣可以切成3等分。這與切正方形蛋糕的思維是相同的。

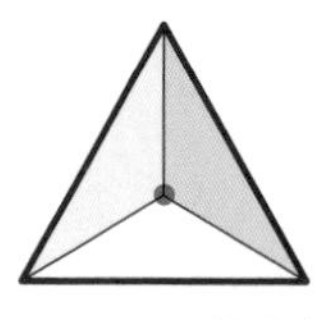

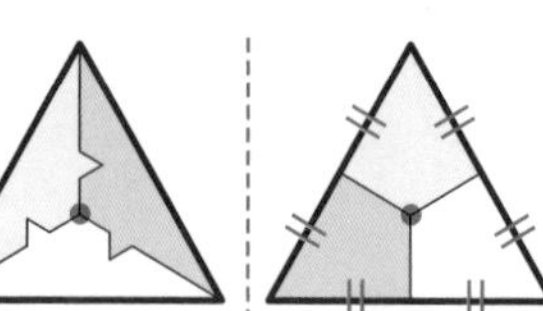

從頂點畫直線　　同樣的比例

Question.04

難易度

如何準備
絕對不用找零的錢

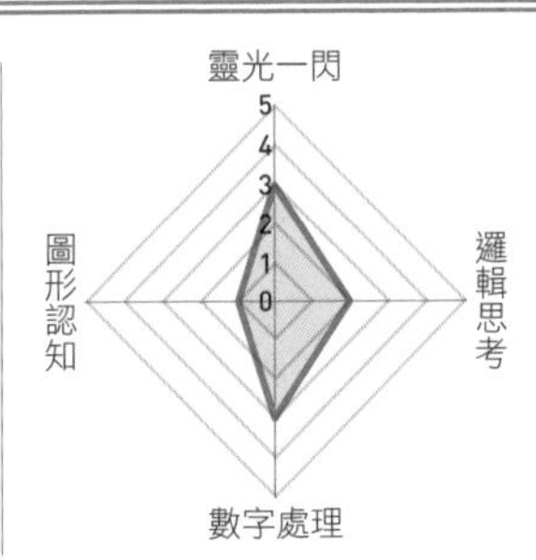

用現金購買不到1萬日圓的商品時，
不論金額究竟為何，
該各準備多少紙鈔與硬幣，
才能盡可能地減少找零的零錢？
2000日圓的紙鈔除外。

HINT

請試著想像實際購物時的場面。如果想像不出來，那麼就在手邊準備實際的硬幣來思考吧。在這道題目的基礎上，還有更進一步的進階題。

Answer

1 …4枚	50 …1枚	1,000日圓 …4張
5 …1枚	100 …4枚	5,000日圓 …1張
10 …4枚	500 …1枚	

解說 這是與金錢有關的數學問題。先從簡單的問題開始吧。

如果支付金額是1日圓～9日圓，可知需要準備一日圓硬幣4枚，五日圓硬幣1枚。

〈圖1〉

1日圓	1				
2日圓	1	1			
3日圓	1	1	1		
4日圓	1	1	1	1	
5日圓	5				
9日圓	5	1	1	1	1

即便是10日圓以上的金額，也與9日圓以下相同，個位數的金額只要靠一日圓硬幣4枚、五日圓硬幣1枚就可以應付。

換句話說，將重點放在十位數來思考就OK了；只要有十日圓硬幣4枚與五十日圓硬幣1枚，就可以湊出10日圓到99日圓。

〈圖2〉

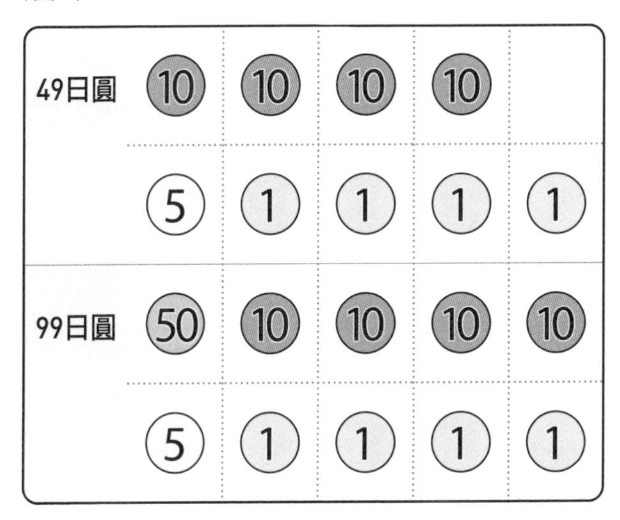

以此類推，100日圓以上999日圓以下，再多準備一百日圓硬幣4枚、五百日圓硬幣1枚即可；1000日圓以上9999日圓以下，再追加準備一千日圓紙鈔4張與五千日圓紙鈔1張就好。如此一來，購買從1日圓到9999日圓的商品，就不再需要找零了。

各位或許會覺得這似乎理所當然，但其實這正是日常生活中每個人都在使用的數學思維之一。

進階問題

想要用現金購買金額未滿1萬日圓，而且價格沒有「9」的商品時，該各自準備多少紙鈔與硬幣才好呢？

Answer

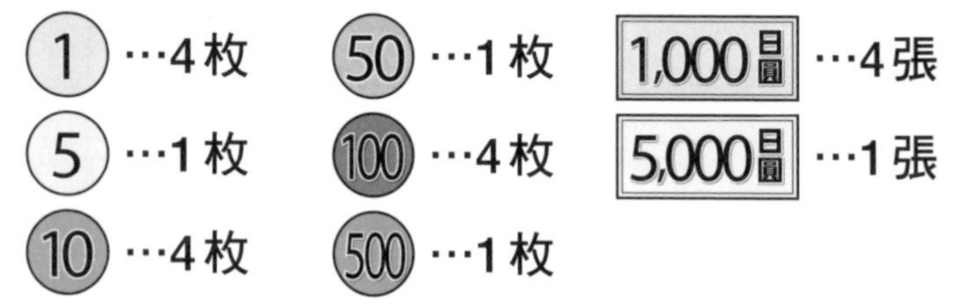

※與Question.04的答案相同。

解說　**別忘了還有104日圓等有「4」這個數字的金額。**

相較於Question.04，各位或許會覺得因為除去了「59日圓」或「192日圓」等有9這個數字的金額，所以各減去1枚一日圓硬幣或十日圓硬幣就可以了。

然而像是「140日圓」或「34日圓」等有「4」這個數字的金額時，還是需要用到4枚一日圓硬幣或十日圓硬幣，因此答案仍然相同。

難易度

Question.05

計算社交距離

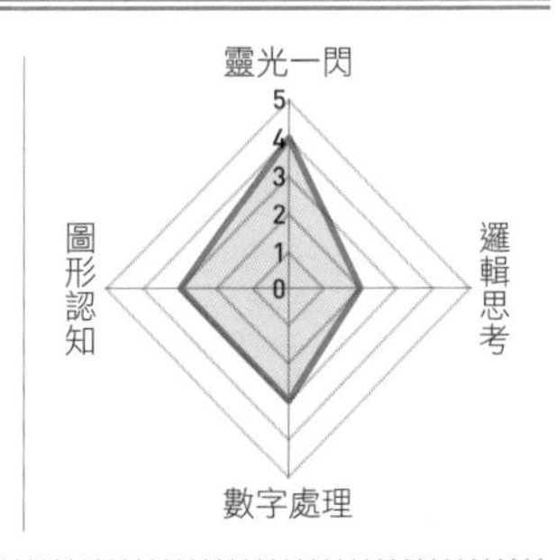

電影院的座位必須安排成觀眾的前後左右都不能坐其他人。在縱向與橫向各有15排座位的電影院中，最多可以準備幾個座位呢？

HINT

請試著只在腦中進行想像。想像不出來的人，可以實際畫圖計算看看。

Answer

113個。

解說 **想解答這個問題，最重要的是發揮想像力。**

前後左右都不能坐人，也就代表斜向是可以坐人的。

為了讓更多人有座位，首先要讓第1個人坐在最角落的位置。雖然前後左右都必須空出座位，但斜後方可以坐其他人。

另外，隔開1個座位後也可以坐其他人……以此類推，最後就能像格紋般安排座位。

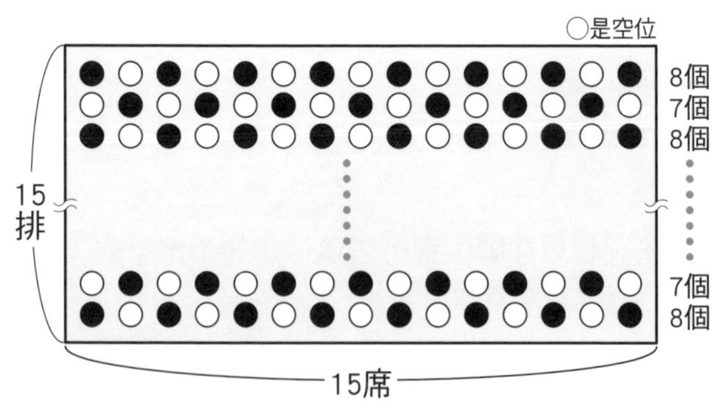

這樣一來就能從最前面的第一排往後數8個、7個、8個……一直到縱向第15排的座位。

最後合計共為113個座位。

Question.06

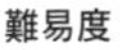

從星形做出三角形

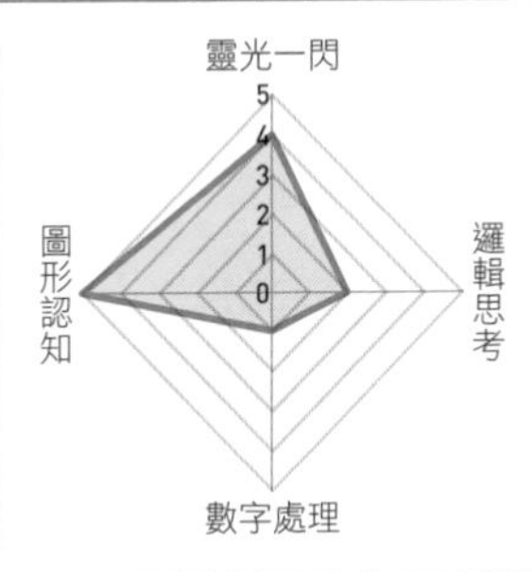

在星星上畫2條線，可以做出9個三角形。
這2條線該怎麼畫呢？

HINT

原本已有5個三角形了，想要增加到9個，就必須再增加4個三角形。

1個三角形該怎麼畫線，才能隔出2個三角形呢？從這個觀點思考吧。

Answer

答案如圖示。
（也可以改變線的方向等，得到其他答案。）

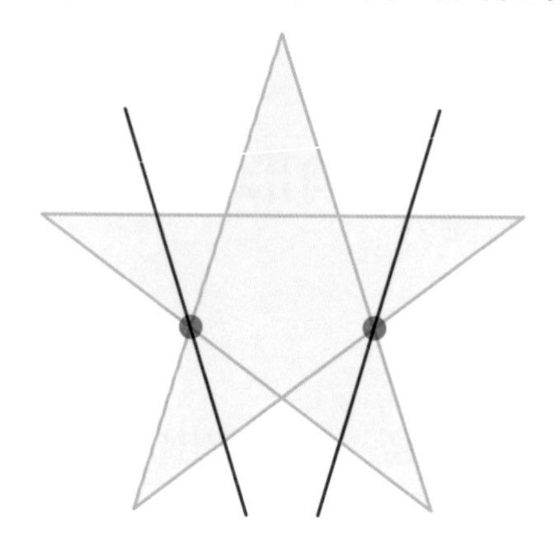

解說 **在三角形上畫1條線可以隔出2個三角形。只要活用這個原理……**

答案如上面圖片所示。畫線的重點是必須通過三角形的1個角，然後到達另一側的對邊，這樣就能分隔出2個三角形。

雖然這類問題在現實生活中沒什麼用處，但可以鍛鍊大腦的靈活度。

譬如是否能做出10個三角形、最多可以做到幾個三角形、如果改成畫3條直線可以做出幾個三角形等等……有興趣的讀者可以嘗試解解看。

難易度

Question.07

★★★☆☆

該採用淘汰賽還是循環賽？

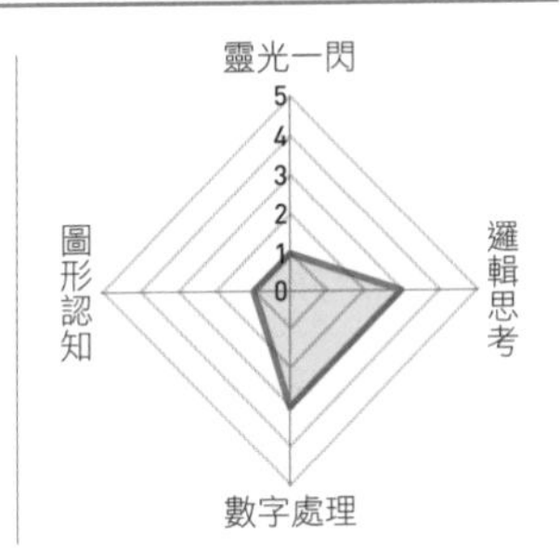

有一場28位選手參加的將棋比賽。
請問採用勝者晉級的淘汰賽，
還是必須與所有選手對戰的循環賽，
才能將比賽場次降到最少呢？
此外，另一種賽制又會增加多少場次呢？

HINT

首先，用更少的人數來思考，譬如只有4人、5人的淘汰賽等等，找出計算比賽場次的法則。

關於循環賽，也可以先從較少的人數開始嘗試。不論哪一種賽制，只要畫出對戰表都會更容易理解。

Answer

淘汰賽：27場

28－1＝27

循環賽：378場

1＋2＋3＋…＋27＝378

解說　**竟然差距這麼大！淘汰賽與循環賽的比賽次數。**

在淘汰賽制裡，選手「只要輸一次就不能再比下一場比賽」。請注意這個特性。

譬如由4個人進行淘汰賽時，在4人中只有1人可以得到冠軍。反過來說，剩下3個人都遭到淘汰。

圖1

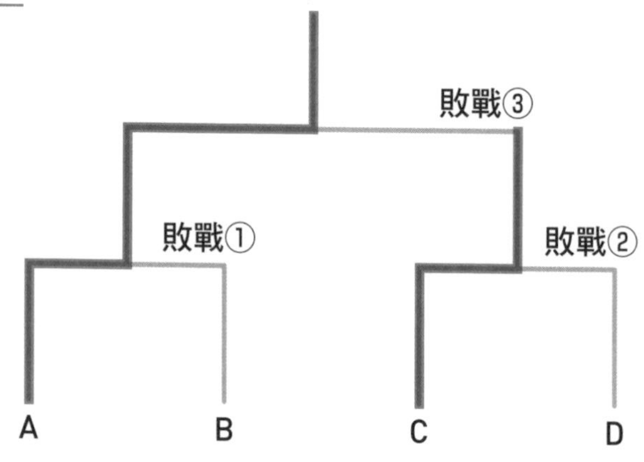

如圖1所示，因為A取得優勝，所以A與B的對戰中B淘汰，C與D的對戰中C（D）淘汰，A與D（C）的對戰中D（C）淘汰。

在1場比賽裡，「輸掉比賽」的只有1人，而為了使1個人取得優勝，必須讓總計3個人輸掉比賽，因此所需的比賽場次為3場。

換句話說，比賽場次＝冠軍以外的人輸掉比賽的次數＝冠軍以外的人數＝4－1＝3。28名參賽者的情況也相同，28－1＝27就是答案。

接下來是循環賽。先試著從較少的人數開始計算吧。

圖2

4人的循環賽

	A	B	C	D
A		1	2	3
B			4	5
C				6
D				

圖2是4人（A、B、C、D）循環賽的對戰表。

各位也請嘗試畫出5人循環賽的對戰表。只要比對4個人與5個人的循環賽對戰表，就可以知道表中多了1列，增加了4場比賽。

6個人時再加5場、7個人時再加6場……以此類推，從1到27的和，就是28人循環賽的比賽次數。

下面圖3與圖2相比多了1人，是5人循環賽的對戰表，可知確實增加了4場比賽。

綜上所述，只要計算1＋2＋3＋……＋27＝378，可以知道總共需要比378場比賽。

圖3

5人的循環賽

	A	B	C	D	E
A		1	2	3	4
B			5	6	7
C				8	9
D					10
E					

增加4場比賽

從以上結果也能了解到當參賽人數眾多時，採用淘汰賽可以大幅降低比賽場次。

人數	1	2	3	4	5	6	7	8	9	10	11	12	13…
比賽場次	0	1	3	6	10	15	21	28	36	45	50	66	73…

1＋2＋3＋4＋5＋6＋7＋8＋9＋10＋11＋12……

從1到27的總和……25＋26＋27＝378

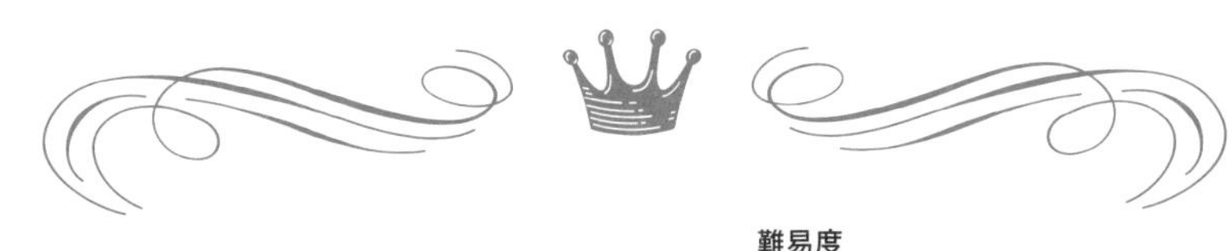

Question.08

難易度

最好的節約方法？

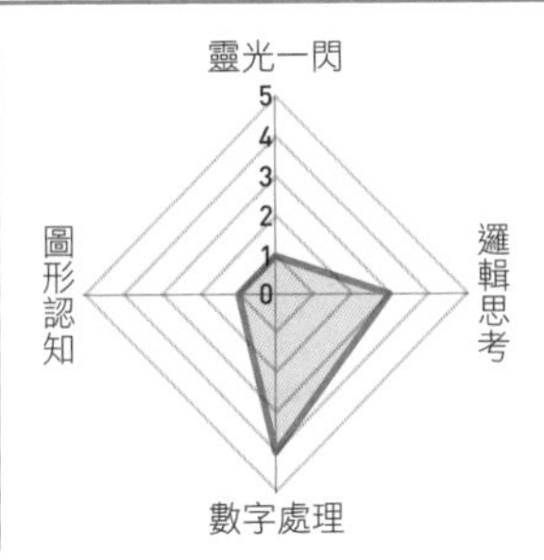

大家都希望購物時能買得愈划算愈好。
有間超商A距離住家10分鐘的路程，想買的東西合計金額3000日圓，另一間超商B距離住家20分鐘的路程，想買的東西合計金額2500日圓，而你的打工時薪為1200日圓。請問你會在哪一間超商購物呢？

HINT

到買東西比較便宜的商店購物，或許是購物時的鐵則，不過加入「自己賺的錢」這個觀點後，答案說不定會有所改變。

Answer

超商B。

A為10分鐘　往返20分為1／3h
1200×1／3＝400　所花時間等於400日圓的交通費

B為20分鐘　往返40分為2／3h
1200×2／3＝800　所花時間等於800日圓的交通費

超商A：3000＋400＝3400日圓的支出
超商B：2500＋800＝3300日圓的支出

解說　若為了節約花太多時間反而吃虧！

A店距離住家10分鐘路程，B店則在距離住家20分鐘路程的位置。A店與住家的往返時間為20分鐘＝1／3小時。在這段時間中，你透過打工賺取的金額為1200×1／3＝400日圓。

因此，若將這400日圓當作你本來可以靠打工賺取，但最後卻沒有賺到的「虧損」，那麼前往A店購物的支出總金額為3000＋400＝3400日圓。

以同樣方式計算B店，B店與住家往返需要20×2＝40分鐘＝2／3小時，換算成打工的薪水為1200×2／3＝800日圓，所以合計為2500＋800＝3300日圓。

如果將這些眼睛看不到的成本也一併計算進去比較，那麼去20分鐘路程的超商會比較划算。

當然，考量到去較遠的地方給人的精神負擔比較大等各種因素，似乎也不能一概而論，不過各位可以藉此了解到，利用數字將事物進行量化也是一種思維方法。

Question.09

難易度

不可思議的交易

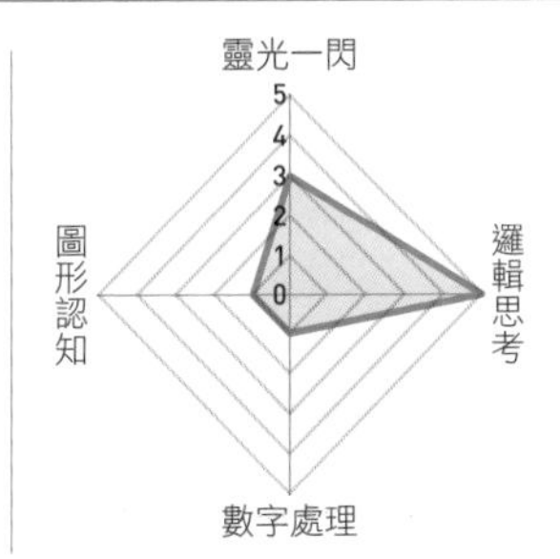

A先生在家電賣場買了10000日圓的耳機。隔天，他再次來到賣場，想將10000日圓的耳機退貨。
A先生說：「昨天我給你們10000日圓，而現在我給你們10000日圓的耳機，因此我等於付了10000＋10000＝20000日圓，請給我那副20000日圓的耳機」。
請問他的說法哪裡奇怪？

HINT

這是經典的邏輯測驗。想解開這道題目，最重要的是想像實際的場面，如此一來應該就能立即發現問題所在。

Answer

「昨天給了10000日圓」的論點是錯的，正確的說法是「用10000日圓交換了耳機」。

解說 **仔細想像真實情況，找出詭異的論點。**

如果被這種話術所騙，只會變成詐欺犯的肥羊喔。

第1天購買耳機時，「店家與A先生之間，進行了耳機與10000日圓的交換」這個事實是關鍵。與商店之間的往來必須總是「交換」這個行為。

當第2天A先生退貨耳機時，店家只要把「10000日圓」給A先生進行交換即可。A先生弄錯的部分是「昨天給了10000日圓」這一點；他並非白白給了店家錢，而是「用來交換了耳機」。因此關於第1天的錢，店家沒有理由再多付給A先生。

在購物時各位或許會抱有「給錢買商品」的印象，但這個概念真正的意思是「將與商品同等價值的金錢拿來交換商品」。如果要形容得更數學一點，是因為「商品的價格＝給付的價格」，所以我們才能交換到商品。

Question. 10

難易度

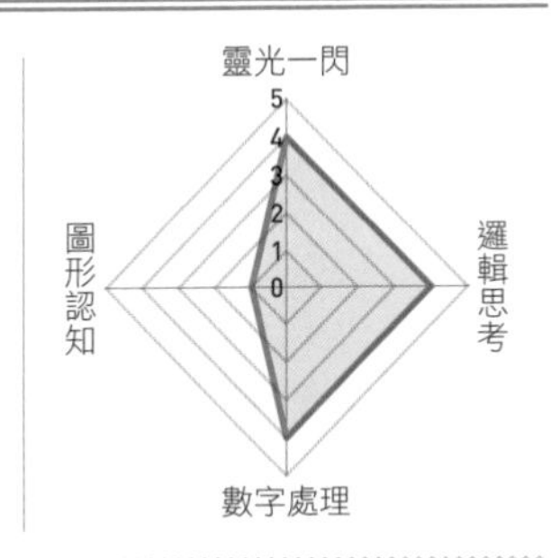

生死的抉擇

假設存在某種傳染病會使每1萬人中有1人遭到感染，如果不進行治療一定會死亡。這種傳染病的篩檢，得到正確結果的機率是90%，得到錯誤結果的機率是10%。

現在，你做了篩檢，並被診斷為陽性，此時醫師詢問你要不要接受治療。

不過，雖然治療有95%的機率成功，但也有5%的機率失敗導致你的死亡。

請問你要接受治療嗎？

HINT

如同被診斷為沒有感染的人，可能實際上已經遭感染，被診斷為已經感染的人也可能實際上並未感染。

只要從各自的人數思考具體數字，就能得出令人吃驚的結果。

Answer

因為不接受治療活下來的可能性更高，所以不要接受治療比較好。

解說 小心這是一個誤診很多的診斷！

請想像在100萬人中有100人遭到感染，而全部100萬人都做了篩檢的情境。

雖然100萬人中除了那100人的99萬9900人都未遭受感染，但仍有10%的機率被誤判為已遭到感染。換句話說，有9萬9990人明明沒有感染，卻被診斷出「已經感染」。另外，實際已經感染的100人中，雖然有90人「已經感染」的診斷是正確的，但剩下的10個人卻是被診斷為未遭到感染。

也就是說在這個時候，被判定為遭到感染的人合計有10萬80人，其中有90人確實遭到感染；被判定為遭到感染的人之中，只有0.09%的人才是真正遭到感染的。在這種狀況下還有5%的可能性治療失敗，可說接受治療的風險遠遠比不治療更大。

由於現實中我們不可能知道如此明確的機率，因此難以實際運用在生活中，只是若想要正確捕捉事情的本質，像這種對機率的思考非常重要。

100萬人中有100人遭到感染的情況

	全體	陽性判定	陰性判定
合計	100萬人	10萬80人	89萬9920人
沒有感染的人	99萬9900人	9萬9990人	89萬9910人
已感染的人	100人	90人（0.09%）	10人

整理成表格後如上所示，可看到10萬80人被診斷為遭到感染。但是，實際上只有90人真正遭到感染，換算成比例就是只有0.09%的人是真正的感染者。

在被診斷為遭到感染的人數中，實際沒有感染卻被診斷為陽性的人占了約99.91%。若說是否要在這種比例下進行成功率95%的治療……各位應該可以了解不治療比較有可能活下來的意思了吧。

實際上沒有遭到感染，卻被判斷為有感染的狀況稱為「偽陽性」。只要具備機率的知識，應該就能想像這些事例發生在現實中會是什麼情況。

在真實的傳染病篩檢中，為了盡可能降低偽陽性造成的問題，只會篩檢被懷疑是感染者的人，藉此提高篩檢的準確度。

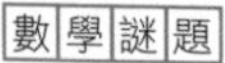

Question.11

難易度

4個4

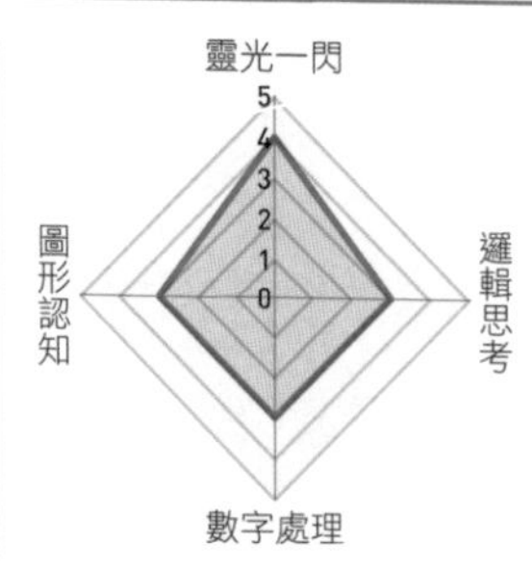

使用4個4，計算出從0到10所有結果。

Answer

$0 = 44 - 44$

$1 = 44 \div 44$

$2 = 4 \div 4 + 4 \div 4$

$3 = (4 + 4 + 4) \div 4$

$4 = 4 + 4 \times (4 - 4)$

$5 = (4 \times 4 + 4) \div 4$

$6 = (4 + 4) \div 4 + 4$

$7 = 44 \div 4 - 4$

$8 = 4 + 4 + 4 - 4$

$9 = 4 + 4 + 4 \div 4$

$10 = (44 - 4) \div 4$

解說 這是世界上最著名的數學遊戲之一。

這是稱作「4個4」的數學遊戲。只要改變數字，或追加各式各樣的規則，就可以算出更大的數字。

Question.12

難易度

大碗的陷阱

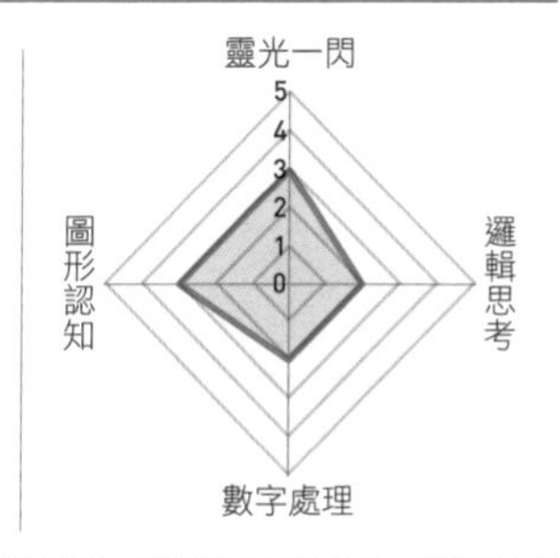

因為今天肚子特別餓，所以點了份量為平常2倍的炒飯，然而外表看上去卻不像有2倍的份量。

這是為什麼呢？

HINT

各位有過這樣的經驗嗎？請試著從體積思考炒飯的「量」。

Answer

這是因為即使量為2倍，但長、寬、高只放大約1.26倍左右（如果「長、寬、高」皆為2倍，那麼體積會是8倍）

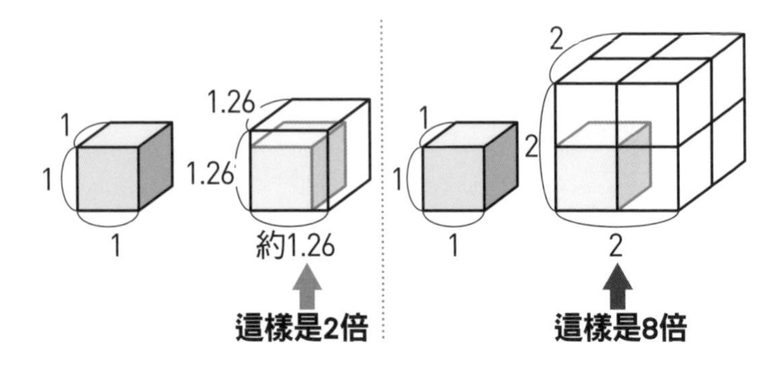

解說 由於外表看起來沒什麼變化，千萬別不小心吃太多了！

這個題目的重點在於量是2倍。明明量是2倍，但看起來卻完全不像有2倍，這到底是怎麼一回事？讓我們從具體的範例動腦思考吧。

假設有個每邊長1 cm，也就是體積$1\times1\times1=1\ cm^3$的盒子。如果這個盒子的長、寬、高都變成2倍，那麼可以知道這個放大後的盒子，大小等於8個原本的盒子。

用體積來表示也就是 $2\times2\times2=8\ cm^3$，體積變成了8倍。如果長寬高都變成3倍，就是 $3\times3\times3=27\ cm^3$ 亦即27個原本的盒子，體積變成了27倍。

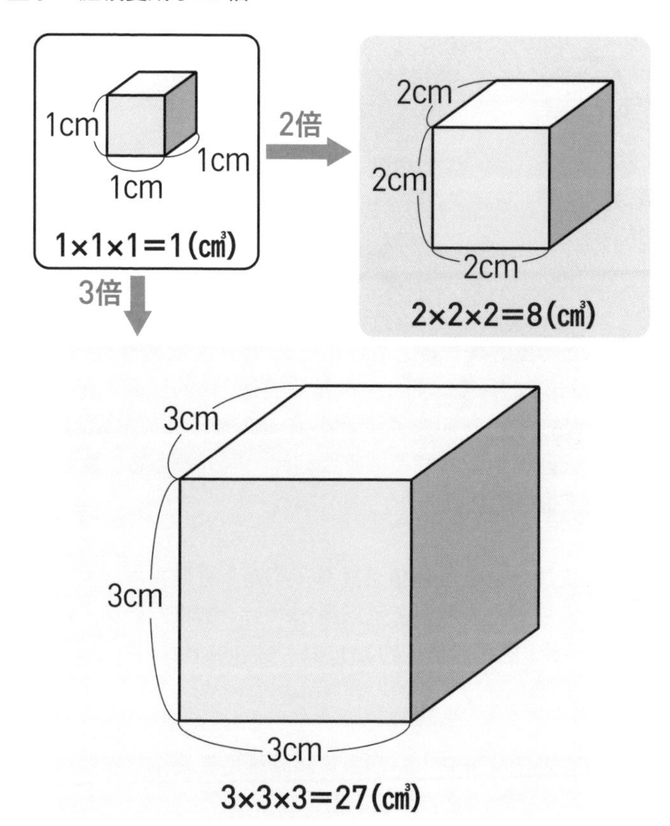

接下來用同樣的道理來計算炒飯。

如同前述，長、寬、高都放大為2倍的炒飯，實際上會變成8倍的份量。如果只是點了大碗卻來了8倍份量的炒飯，我想一般人都沒辦法吃完吧。

如果想讓份量，也就是體積成為2倍，那麼長、寬、高該放大成幾倍才行呢？

若將原本份量的長、寬、高設定為1，那麼可以透過a×a×a＝2的算式找出a的長度，如此一來炒飯就是2倍的份量。實際計算後可知a大約為1.26，以原本大小10cm的盤子來說，選用12.6cm的盤子來盛裝炒飯就好了。正因如此，從外表上看才會有種份量似乎不是很多的感覺。

此外，雖然以上是用體積來計算，不過若是要算面積為2倍時該怎麼做呢？與方才類似，可以用b×b＝2的算式計算，得到的答案為b等於2的平方根（約為1.41）。這同樣也與各位的直覺有落差也說不定。

之所以與直覺有落差，是因為無論體積還是面積，都是用乘法進行計算，所以數值很快就會膨脹。

像這類邊長比、體積比或面積比之間的差異，是日常生活中偶爾會遇到的幾種違反直覺的例子之一。

Question.13

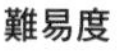

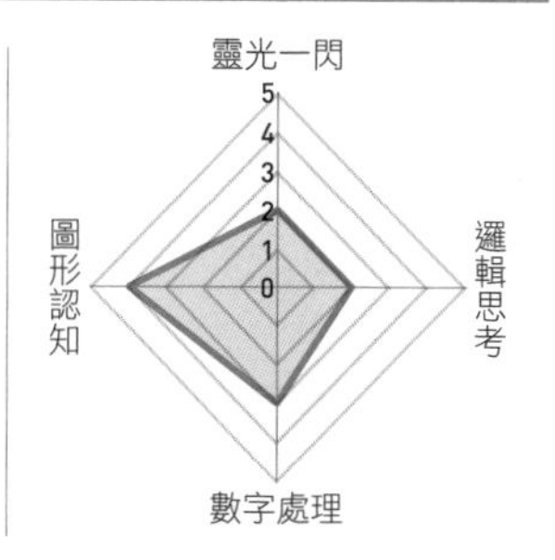

增量的陷阱

假設有個500 mℓ，直徑為5 cm的寶特瓶。若想在不改變寶特瓶高度的情況下，增加100 mℓ的容量使其成為600 mℓ的寶特瓶，那麼我們該將直徑設為幾cm呢？

HINT

各位有看過實際增量後的600mℓ寶特瓶嗎？

或許各位可以試著回想，增量後的寶特瓶大概會是怎樣的大小。

Answer

將直徑設為5.5㎝即可。

解說 **不只是依賴外觀上的直覺，還得實際計算來確認才行。**

各位可能會直覺認為將原本的直徑5㎝乘以6／5倍就好，得到答案6㎝，不過很可惜這是錯誤解答。為方便理解，將寶特瓶當成普通的圓柱來思考吧。

圓柱的底面積為半徑×半徑×圓周率，而體積則可以用底面積×高度求出。

因1 cm^3＝1 ㎖，所以算式為：

2.5㎝×2.5㎝×圓周率（3.14）×高度＝約500。

而如果容量為600 ㎖時，則算式為：

為半徑×半徑×圓周率（3.14）×高度＝約600。

比較2個算式後，求出下方算式的半徑，則會得到答案：

半徑＝約2.75。

這樣即可知道換算回直徑為5.5㎝。換言之，只要將直徑放大5㎜左右，內容量就可以增加100 ㎖。

順帶一提，實際上一般的寶特瓶直徑為6.5㎝，比問題中的寶特瓶再大一些。同樣地，這些寶特瓶只要放大6.5㎜，內容量就可以增加100 ㎖。

Question.14

難易度 ★★★☆☆

潛藏於偶數純位數的日期中不可思議的特性

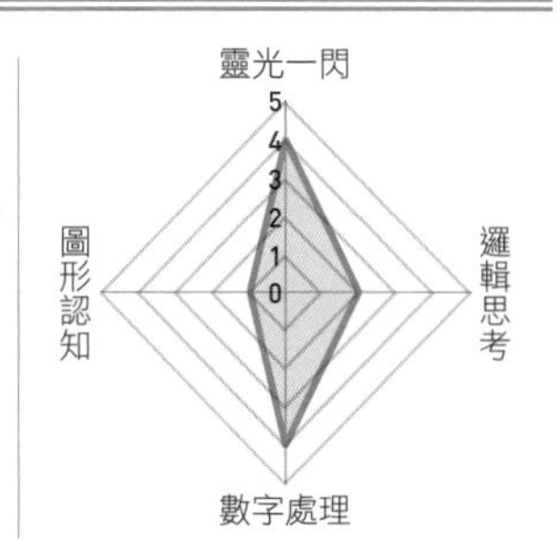

在2月2日、4月4日、6月6日、8月8日、10月10日、12月12日中，只有一天星期的日子與其他日期不同（所有日期都在同一年中）。

請問星期不同的是哪一天呢？

HINT

雖然翻年曆就能立刻得到答案，不過還是自行思考看看吧。

Answer

2月2日。

解說 **如果能先背起2月2日以外的偶數純位數日期，說不定能派上用場喔！**

4月4日與6月6日剛好相隔63天，所以星期的日子會相同。同樣地，除了2月2日以外的偶數純位數日期，全都剛好相隔63天，因此所有日期都是同樣的星期！

1月

S	M	T	W	T	F	S
					1	2
3	4	5	6	7	8	9
10	11	12	13	14	15	16
17	18	19	20	21	22	23
24	25	26	27	28	29	30
31						

2月

S	M	T	W	T	F	S
	1	2	3	4	5	6
7	8	9	10	11	12	13
14	15	16	17	18	19	20
21	22	23	24	25	26	27
28						

3月

S	M	T	W	T	F	S
	1	2	3	4	5	6
7	8	9	10	11	12	13
14	15	16	17	18	19	20
21	22	23	24	25	26	27
28	29	30	31			

4月

S	M	T	W	T	F	S
				1	2	3
4	5	6	7	8	9	10
11	12	13	14	15	16	17
18	19	20	21	22	23	24
25	26	27	28	29	30	

5月

S	M	T	W	T	F	S
						1
2	3	4	5	6	7	8
9	10	11	12	13	14	15
16	17	18	19	20	21	22
23	24	25	26	27	28	29
30	31					

6月

S	M	T	W	T	F	S
		1	2	3	4	5
6	7	8	9	10	11	12
13	14	15	16	17	18	19
20	21	22	23	24	25	26
27	28	29	30			

7月

S	M	T	W	T	F	S
				1	2	3
4	5	6	7	8	9	10
11	12	13	14	15	16	17
18	19	20	21	22	23	24
25	26	27	28	29	30	31

8月

S	M	T	W	T	F	S
1	2	3	4	5	6	7
8	9	10	11	12	13	14
15	16	17	18	19	20	21
22	23	24	25	26	27	28
29	30	31				

9月

S	M	T	W	T	F	S
			1	2	3	4
5	6	7	8	9	10	11
12	13	14	15	16	17	18
19	20	21	22	23	24	25
26	27	28	29	30		

10月

S	M	T	W	T	F	S
					1	2
3	4	5	6	7	8	9
10		12	13	14	15	16
17	18	19	20	21	22	23
24	25	26	27	28	29	30
31						

11月

S	M	T	W	T	F	S
	1	2	3	4	5	6
7	8	9	10	11	12	13
14	15	16	17	18	19	20
21	22	23	24	25	26	27
28	29	30				

12月

S	M	T	W	T	F	S
			1	2	3	4
5	6	7	8	9	10	11
12	13	14	15	16	17	18
19	20	21	22	23	24	25
26	27	28	29	30	31	

◎這是 2021 年的年曆

◎ 2/2 為星期二，4/4、6/6、8/8、10/10、12/12 為星期日

Question.15

難易度

★★★☆☆

衣服的換穿搭配意外地簡單

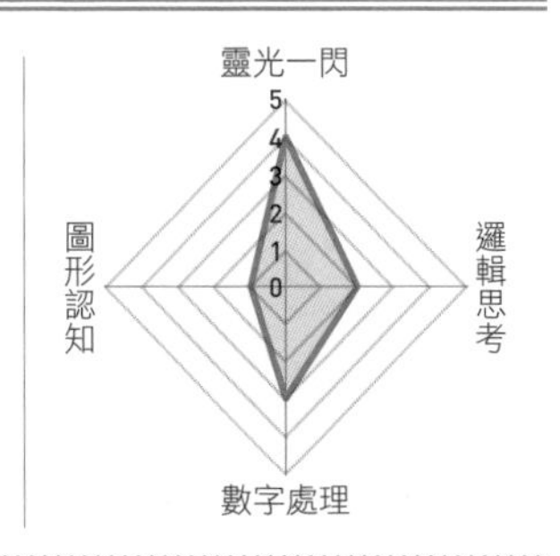

現在有帽子、襯衫、外套、褲子、鞋子共5項種穿戴單品。如果想每天都搭出不一樣的組合，那麼最少要準備總共幾種穿戴單品呢？

條件是5項衣物都必須各使用1件，不可以只穿褲子或只穿其中幾項。

HINT

結果可能很令人意外。

需要準備的帽子、襯衫、外套、褲子、鞋子各自的數量其實並不多。

Answer

17件。

解說 **僅僅17種衣物，理論上就能每天穿出不一樣的搭配！**

先從簡單的例子開始吧。假設只有襯衫與褲子２項衣物，那麼能穿出幾種組合呢？

若襯衫有白與黑２種，褲子有長褲及短褲２種，那麼可以換穿的組合就是２×２＝４，共４種組合。

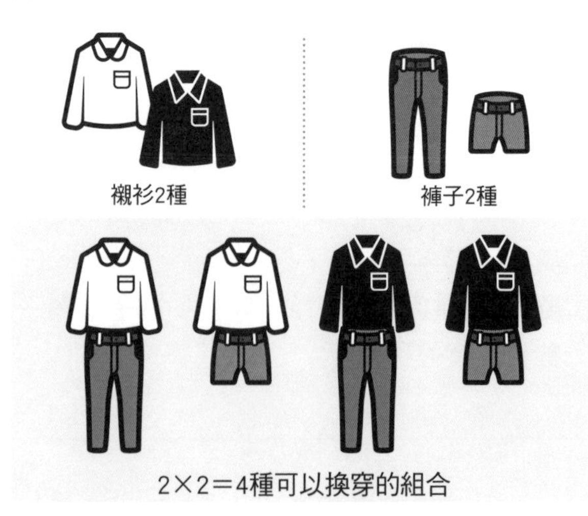

接下來就用問題的「帽子、襯衫、外套、褲子、鞋子」5項衣物來計算吧。

當5項衣物各有4種可以換穿時，那麼衣物總共就是$4 \times 5 = 20$種，可以穿出的組合共有$4 \times 4 \times 4 \times 4 \times 4 = 1024$種。光是20種衣物就能讓我們每天只換穿1項，在接近3年的時間中天天都有不一樣的穿搭組合。

由於題目是「最少要準備幾種衣物才能換穿一整年」，換句話說就是最少要準備多少種衣物，才可以穿出366種以上的組合。

假設我們將帽子與襯衫減少到3種，如此一來衣物總共為18種，穿搭的組合共有$3 \times 3 \times 4 \times 4 \times 4 = 576$種。從一年的天數來看似乎還可以再減少。

如果帽子、襯衫、外套都減少到3種，那麼衣物種類就是17種，穿搭的組合共有$3 \times 3 \times 3 \times 4 \times 4 = 432$種。

$3 \times 3 \times 3 \times 4 \times 4 = 432$種

如果連褲子都減少到3種，那可以穿搭的組合就會減少到$3 \times 3 \times 3 \times 3 \times 4 = 324$種，沒辦法一整年都穿不一樣的搭配。

而若是帽子減少到2種，襯衫減少到3種，其他衣物保持4種，那麼種類同樣是17種，可穿搭的組合共有$2 \times 3 \times 4 \times 4 \times 4 = 384$種。

因此，正確答案是17種。不過5項衣物中，3項準備3種、2項準備4種的搭配，可以穿出最多種的組合。

光是這樣的衣物種類就能365天，每天都做到不一樣的穿搭，確實是挺吸引人的做法！話雖如此，若只想靠17種衣物穿出時尚感，那似乎就需要選擇永遠看不膩的類型。

題外話，如果從平均壽命80歲來思考，人一生可以活的天數大約是30000天。若準備了5項衣物各8種：

$$8 \times 8 \times 8 \times 8 \times 8 = 32768$$

也就是說僅僅40種衣物，就夠我們換穿一輩子了。

雖說因為人會發育成長，或隨著季節、體型選擇不同種類的衣服，所以不可能真的穿一輩子，但理論上的計算確實也是相當有趣的一件事呢。

Question.16

難易度

令人意外的塑膠繩節約術？

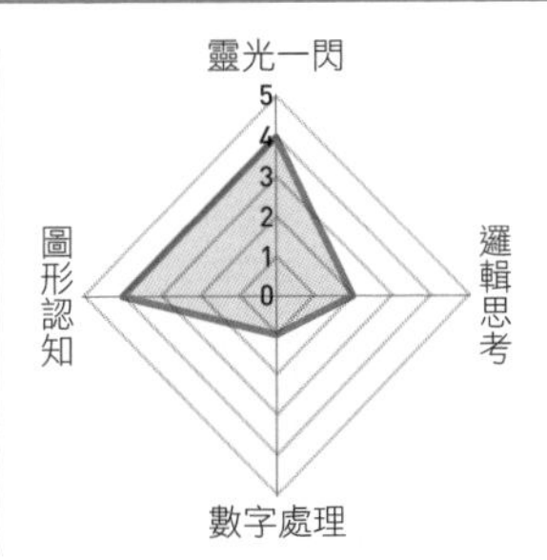

如果想盡可能節省塑膠繩，用最短的長度綑綁罐子，那麼以下數種綁法中，哪一種最能節省塑膠繩？

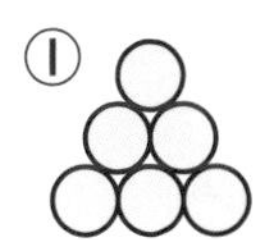

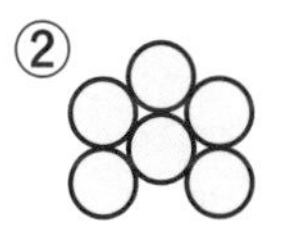

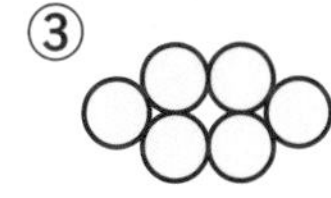

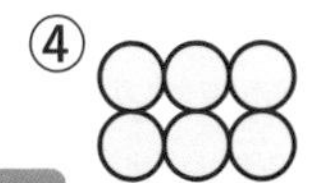

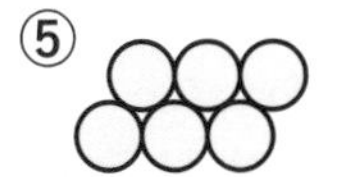

HINT

若比較何處與何處的長度相同，就應該能看出所需塑膠繩的長度。

Answer

②

解說 **罐子綁起來的形狀愈接近圓形，就愈能節省塑膠繩。**

實際在罐子周圍畫線後，可以得到以下結果。

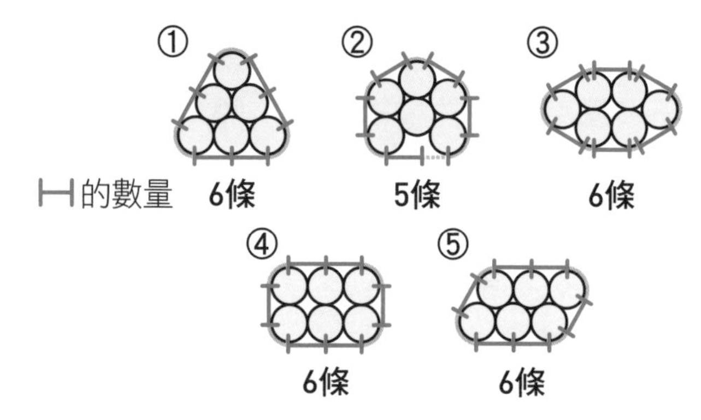

如果將周長的要素分解，可以分成與圓相接的部分，以及圓與圓之間連接空隙的直線。所有連接空隙的直線長度都是相同的。

除了②之外，其他綁法的直線數量都是6條，惟有②是5條加上剩餘的虛線部分，由此可知②的直線數量比較少。另外，無論①～⑤哪一個綁法，其中碰到罐子而彎曲的部分，全部加起來都剛好會是繞罐子1圈的長度。

換句話說，②以外的綁法所需的繩長都是罐子1圈與圖上的直線6條，②則是罐子1圈與直線5條，再加一點點距離就能綁起來，因此使用最少塑膠繩的就是②。

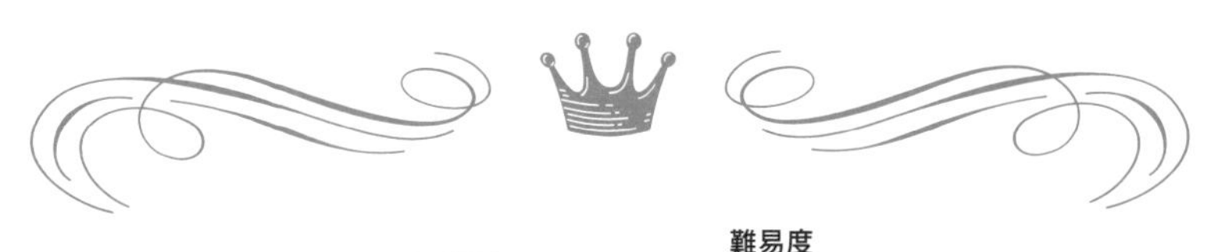

Question.17

難易度

如何公平分配3種零食？

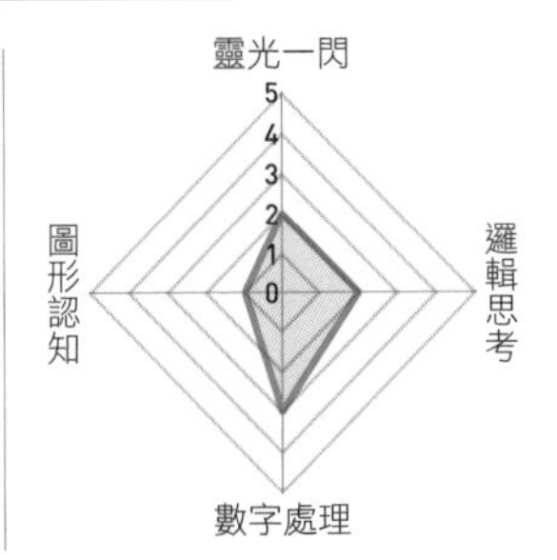

為了慶祝萬聖節，需要準備零食發給小朋友。目前手上有糖果84顆、巧克力48塊、餅乾60塊。

請問若要將這些零食包裝成袋，每一袋中同一種零食的數量都相同，那最多可以裝成幾人份呢？

HINT

若暫時看不出答案，那就試著從各種人數來思考看看。如果有具體的例子，應該就能察覺到算出答案的方法。

Answer

12人份。

解說　**日常生活中到處都會出現最大公因數！**

如果分成1個人、如果分成2個人……以這種方式類推下去非常辛苦。

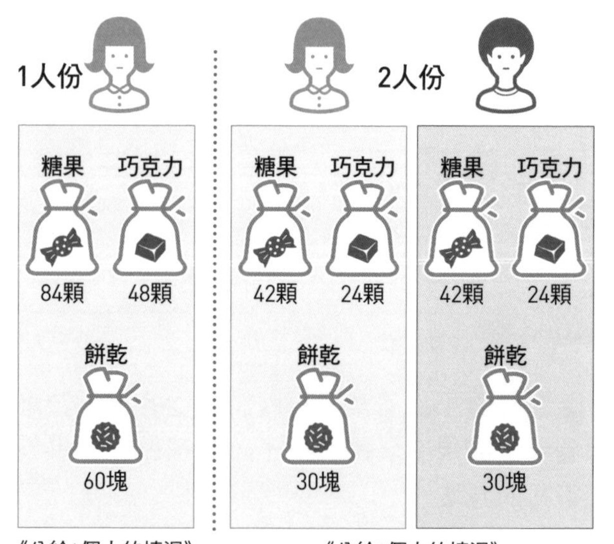

《分給1個人的情況》　《分給2個人的情況》

想要解決「盡可能分給更多的人」這類的問題，最受青睞的解法就是使用「因數」這個概念。而透過因數中的最大公因數，即可算出這類問題的答案。

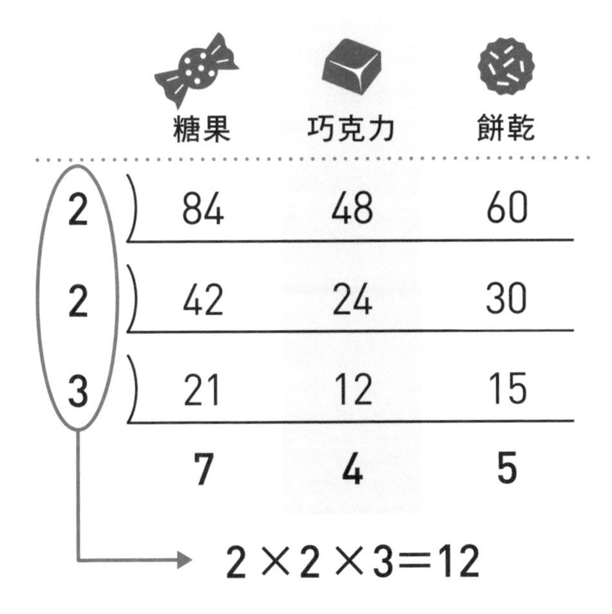

想要求最大公因數，可以用能夠整除所有數字的數不斷除下去，最後再將所有除數相乘即可得到最大公因數。

在上面的例子中，2×2×3＝12，可知零食最多可以分成12人份。

另外，也可以從數字彼此的差，推算出最多可以分成幾人份。

譬如比較餅乾與巧克力的個數，餅乾多了12塊。若巧克力能夠分成12人份，即可知道餅乾自然也能分成12人份。

下一個問題要在稍微不同的狀況下進行以上的計算。

進階問題

現在有糖果5顆、餅乾17塊、巧克力29塊。
如果在增加同一數量後，可以把3種零食公平地分給10個人以上，每個人得到相同數量的零食，那麼3種零食各應該增加多少個呢？

各增加7個即可。

		+5	+6	+7
糖果	5	10	11	12
餅乾	17	22	23	24
巧克力	29	34	35	36

可以用12整除

解說 這種問題一個一個慢慢數反而更快。

由於必須分給10個人以上，因此每種零食至少要增加5個。增加5個後糖果有10顆、餅乾有22塊、巧克力有34塊。

雖然接下來要找出3個數的最大公因數為10以上的數，不過1次增加1個慢慢算，可以更快找到答案。

增加1個後各為11顆、23塊、35塊；再繼續增加1個後各為12顆、24塊、36塊，此時可以算出最多能平均分給12個人。換句話說，每種零食各增加7個即可。

Question.18

難易度

3個小披薩與2個大披薩哪個划算？

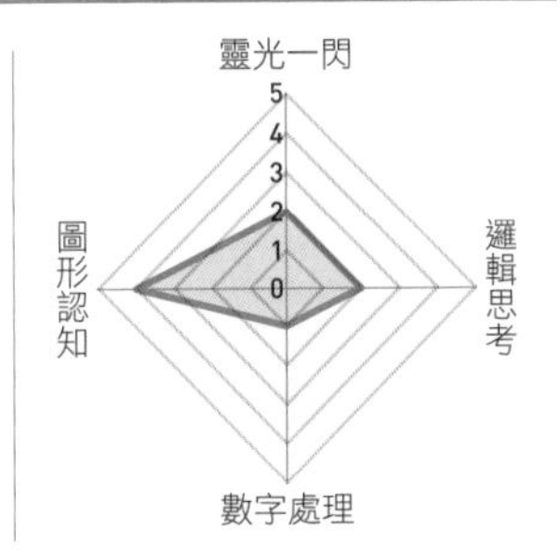

1個2000日圓的小披薩共3個，與1個3000日圓的大披薩共2個，請問哪一邊比較划算？
小披薩的直徑為20㎝，大披薩的直徑為28㎝，2種尺寸的口味相同。

HINT

這是比較面積大小的問題，各位是否能想像各自的尺寸呢？只要仔細計算就能得出答案。

Answer

大披薩2片。
雖然總金額相同，但面積相較之下為
1,230.88 (cm^2) ÷ 942 (cm^2) = 約1.3倍。

解說　想要點披薩時試著計算看看！

3個小披薩與2個大披薩彼此的合計金額相同，因此可以知道面積合計較大的那方比較划算。

小披薩的面積合計為 10 × 10 × 3.14 × 3 = 942 cm^2，大披薩的面積合計為 14 × 14 × 3.14 × 2 = 1230.88 cm^2，可知買大披薩更為划算。

順帶一提，若將披薩邊緣的餅皮寬度設為 2 cm，那麼中間餡料的部分，小披薩合計為 8 × 8 × 3.14 × 3 = 602.88 cm^2，大披薩合計為 12 × 12 × 3.14 × 2 = 904.32 cm^2。大披薩光是中間餡料的部分，就與含邊緣餅皮的小披薩幾乎差不多大。即使只算餅皮部分，小披薩合計約為 340 cm^2，大披薩合計約為 326 cm^2，也幾乎沒什麼差。

為了強調大披薩有多划算，我們還可以將小披薩 1 cm^2 的價格直接當成大披薩的價格，這樣算起來 1 個大披薩會是 3920 日圓。由於原價是 3000 日圓，等於折扣了 920 日圓，也就是獲得 23% 的優惠。從這個角度思考，大披薩確實是划算得多呢。

Question.19

難易度

只剩1分鐘可以趕上電車！

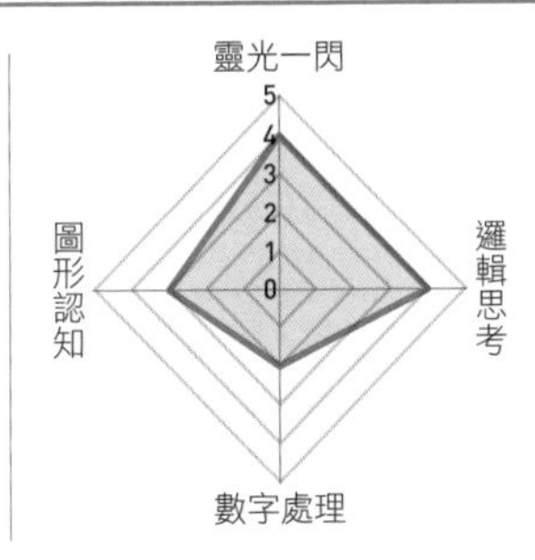

為了搭乘電車，
需要在售票機購買車票
並進入剪票口。
售票機在剪票口的相反側，
而且共有4台。
用①～④哪一台售票機購票，
才能以最短路徑到達剪票口呢？

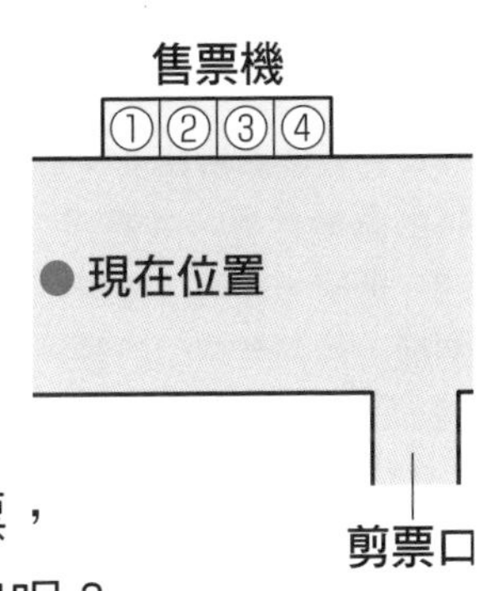

HINT

雖然想像實際情況或許就能夠找出答案……不過也請各位試著挖掘直覺背後隱藏的數學性質吧。

Answer

②

以直線連起來的路徑最近。

解說 **真的需要趕時間的時候，還請回想起這個問題的答案並實際運用看看吧！**

現假設售票機排列在直線 ℓ 上。以直線 ℓ 為軸，映射出一個對稱的鏡面世界，並將現在位置與鏡面中的剪票口以線段連在一起。這麼一來可以知道，這條線段的長度就是從現在位置通過售票機，再到剪票口的最短距離。因此，位在線段與直線 ℓ 交點上的，就是能夠以最短路徑購買車票的售票機。

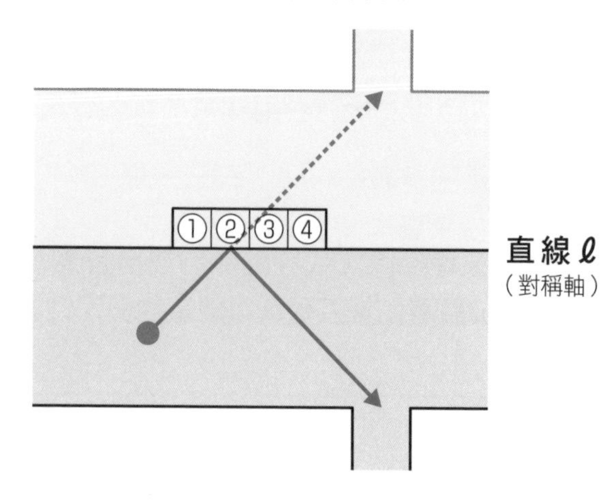

Question.20

難易度

哪個折扣最便宜？

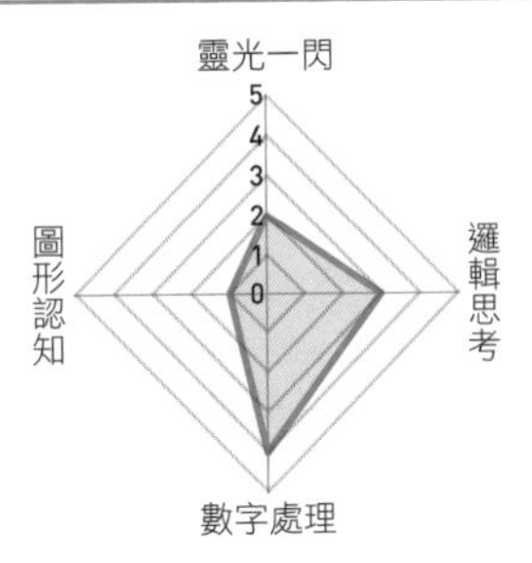

以下折扣中，哪一個在最後變得最便宜？

A：1萬日圓的商品折扣20%，結帳時再折扣20%

B：1萬日圓的商品折扣10%，結帳時再折扣30%

C：1萬日圓的商品折扣25%，結帳時再折扣15%

HINT

這是單純的計算題，不過既然有機會，各位不妨在計算前憑直覺猜答案，最後再實際進行計算吧。

Answer

B

解說 **打○○折或○%折扣等等優惠，在計算後常出現意外有趣的答案。**

先計算A的價格。A在折扣20%後再繼續折扣20%，因此原本的價格乘以0.8×0.8＝0.64後就是折扣後的價格。

B是折扣10%後再折扣30%，因此價格是原價乘以0.9×0.7＝0.63。

C是折扣25%後再折扣15%，因此價格是原價乘以0.75×0.85＝0.6375。

最後A、B、C各自的價格為原價的64%、63%、63.75%，所以選B是最便宜的。

即使不計算出所有價格，只要比較折扣率就能輕鬆知道答案。

Question.21

難易度

★★☆☆☆

該在哪間藥局購買？

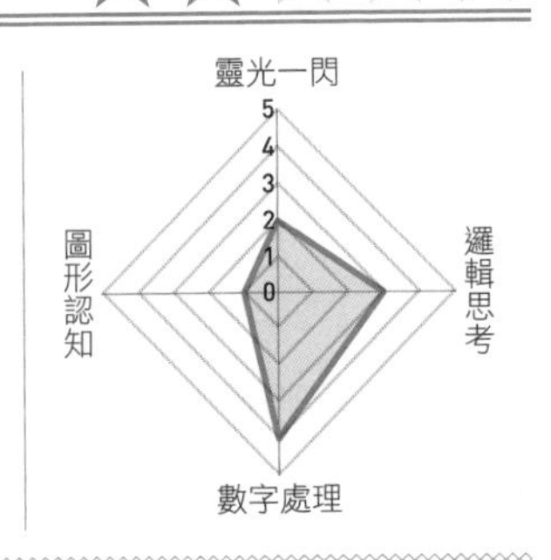

假設住家附近有2間藥局，2間藥局的商品定價幾乎沒有差異。

A：每消費100日圓可得到1點點數。累積100點後贈送500日圓優惠券

B：每消費50日圓可得到1點點數。累積200點後贈送1000日圓優惠券

請問在哪家藥局消費比較划算呢？

HINT

這題同樣也是單純的計算題，各位不妨在計算前先用直覺猜看看，最後再算出答案。

Answer

B

解說　**你手上的點數也要一併計算進去！**

先計算1張優惠券所需的消費金額。

在A藥局，只要消費100×100＝10000日圓，就能得到500日圓的優惠券。

在B藥局，只要消費50×200＝10000日圓，就能得到1000日圓的優惠券。

消費金額同樣都是10000日圓，但在A只能拿到500日圓的優惠券，而在B卻能拿到1000日圓的優惠券。

因此，在B藥局消費是比較划算的。

像這樣「使某個基準一致」，有助於我們進行計算與比較。這次的基準是同樣的消費金額，由此可輕鬆得知在哪裡消費更為划算。

Question.22

難易度

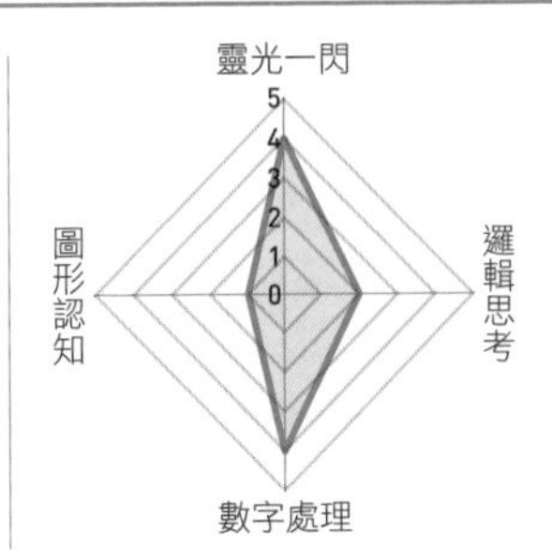

明年的今天是星期幾？

假設今年與明年都不是閏年，
而今天是星期四。
請問明年的今天是星期幾？

HINT

雖然答案需要計算，但希望各位在計算後實際翻閱月曆，研究日期之間的關係

Answer

星期五。

365 ÷ 7 = 52 餘1，因此往後錯開1天。

解說 **你明年的生日是星期幾呢？了解以下概念後馬上就能知道。**

若不是閏年，表示1年有365天。那麼，365天後的「明年的今天」會是星期幾呢？

如果問下週的今天是星期幾，既然今天是星期四，那當然答案就會是星期四，沒錯吧？而且，下下週當然也還是星期四。換句話說，凡日期之間相隔7的倍數天，星期也不會改變。

那麼，在相隔約365天之後的星期四會是什麼時候呢？因為365 ÷ 7 ＝ 52餘1，所以可知7 × 52 ＝ 364天後會是星期四。由於第365天是364天後的隔天，可得到明年的今天是星期五的答案。

只要善用同樣思路，就能馬上知道幾天後會是星期幾，或幾天前是星期幾。

在「記得日期卻不知道星期幾」的時候，不妨自行計算看看。

Question.23

難易度 ★★★★☆

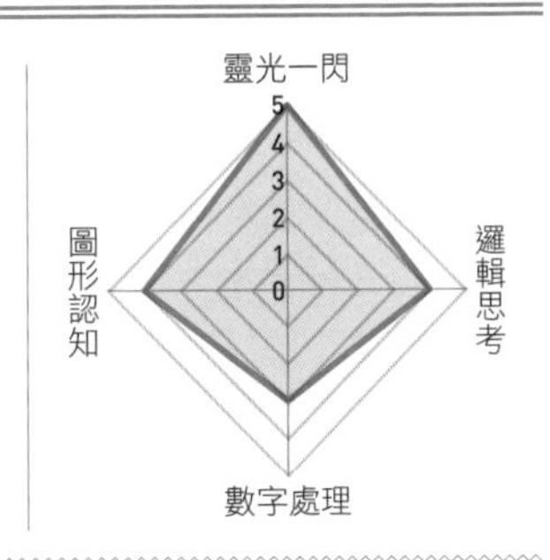

廁紙的長度是？

請試著求如右圖般
1捲廁紙攤開後的長度。
目前已知紙的厚度是
5張重疊約為1㎜

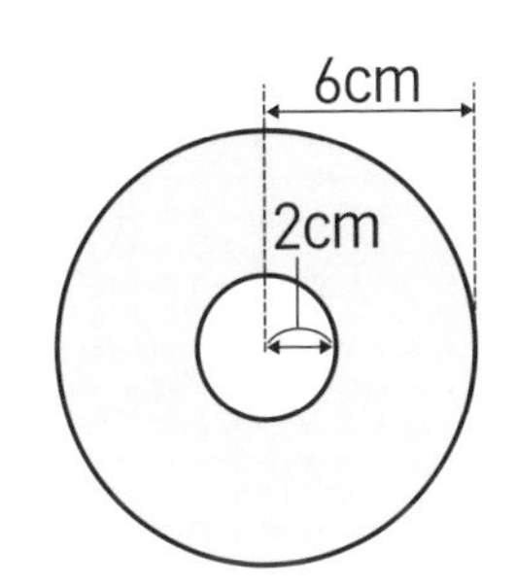

HINT

當面積為8 cm²的長方形長為2㎝時，可算出寬為8÷2＝4㎝。我們可以用這個方法從面積反推長度。

這個問題也是相同的。雖然目前這個形狀或許無法適用上面的方法來計算，但只要改變形狀就應該能找到線索。

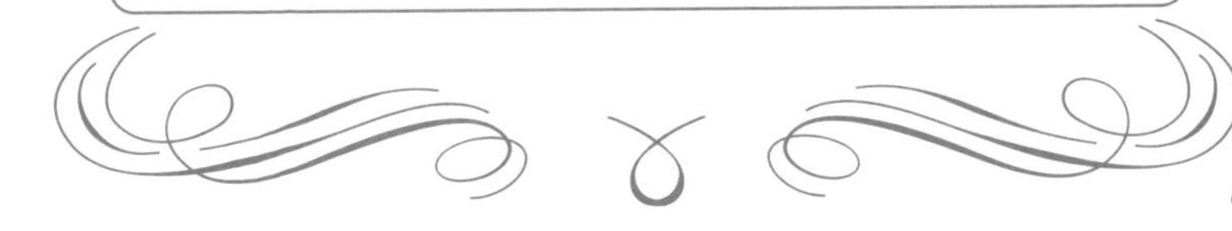

Answer

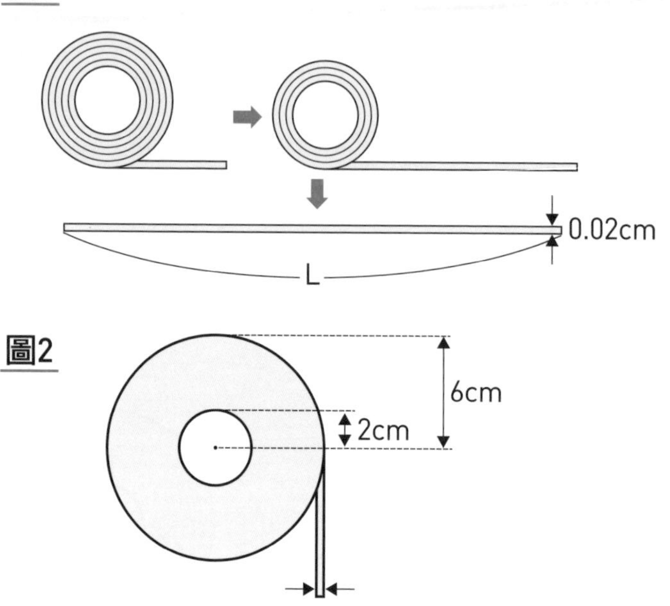

解說 **很薄或很細的紙張，可以當作四邊形來思考。**

雖然解法有好幾種，不過這邊就介紹1種比較有趣的解法。在以下解說中，將想求出的長度設為L（cm）。另外，紙的厚度為1÷5＝0.2mm＝0.02cm。

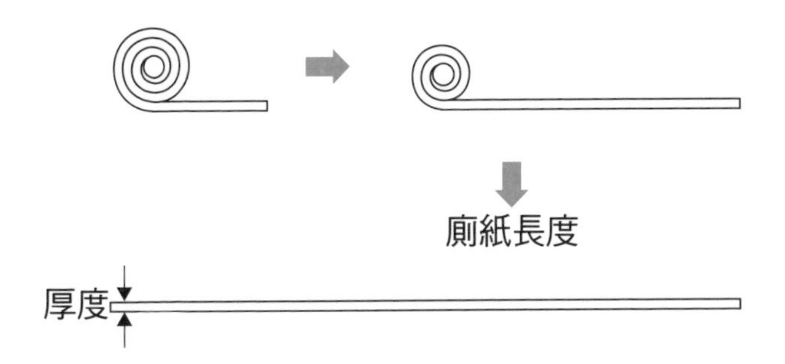

圖1是將廁紙完全攤開後，從正側面看的示意圖。當然，這捲廁紙是全新的。

雖然接下來的概念可能難以想像，不過我們可以將廁紙的厚度當成縱長，廁紙的長度當成橫長，把廁紙看作是極為扁長的長方形。如此一來可以知道，這是1個厚0.02cm×廁紙長度Lcm的長方形。

而這個長方形的面積，與圖2尚未攤開前的廁紙面積相同。圖2同樣是從正側面看的示意圖，呈甜甜圈形。

藍色的甜甜圈部分是個在大圓中挖掉小圓的圖形，因此面積為$6\times6\times3.14-2\times2\times3.14=100.48$。也因為這個面積與長方形面積相同，所以從長×寬的長方形面積算法，知道$0.02\times L=100.48$。

由此可以算出，L＝5024cm＝約50 m。順帶一提，市售的廁紙中確實有50 m左右的長度可選，那種廁紙的大小正與這邊所計算的差不多。平時沒有注意到的薄形物體，其實也有「厚度」。這個方法就是藉由這個觀點找到答案。

另外還有種解法，可以從藍色甜甜圈部分的面積求得廁紙長度。

圖3

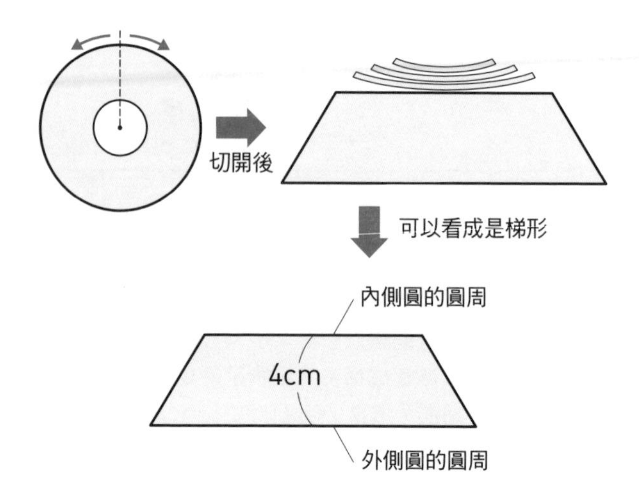

如果像圖3一樣劃一刀將甜甜圈切開，就會變成一個梯形般的圖形。這個梯形的上底與下底，剛好與原本甜甜圈的內側及外側圓周長相同。

由於梯形面積為（上底＋下底）× 高 ÷ 2，所以藍色部分的面積為（4 × 3.14 ＋ 12 × 3.14）× 4 ÷ 2 ＝ 100.48 cm^2，與剛才的計算結果一致。

難易度

Question.24

★★★★☆

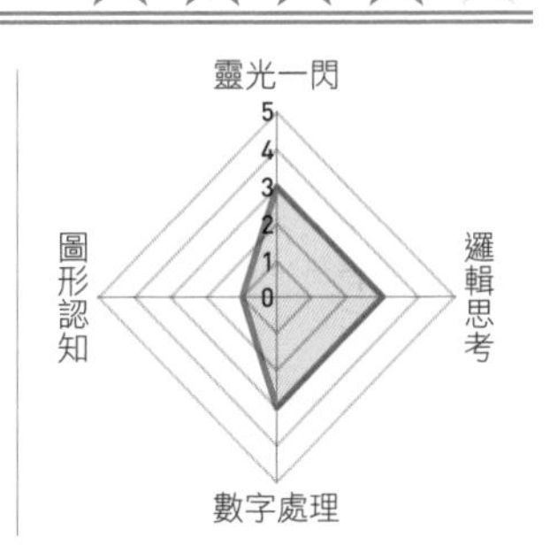

全世界的人彼此都有聯繫？

假設每人平均有50個熟人，再假設這50個熟人各自有50個熟人，其中所有人都不重複。這時若把「熟人」稱為第1步聯繫，將「熟人的熟人」稱為第2步聯繫，那麼到了第幾步聯繫，就可以跟全世界的人建立聯繫呢？

HINT

先從人數較少的情況思考吧。自己有3個熟人，而那些熟人又各自有3個熟人時……從自己的角度出發，熟人的熟人有幾個人呢？是3＋3＝6人嗎？還是3×3＝9人呢？

Answer

到第5步聯繫即可。

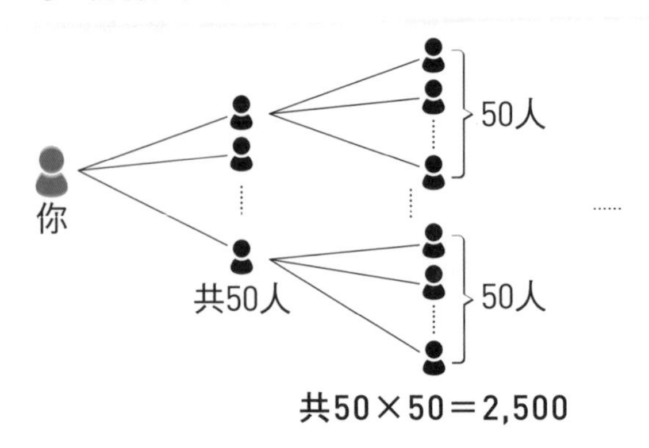

解說 **只要到熟人的熟人的熟人的熟人的熟人，就可以與全世界的任何人建立聯繫？**

請以你自身為基準思考。

假設你剛好有50個熟人。雖然你可能實際上認識更多的人，不過為方便思考，就假設自己的熟人為這個人數吧。

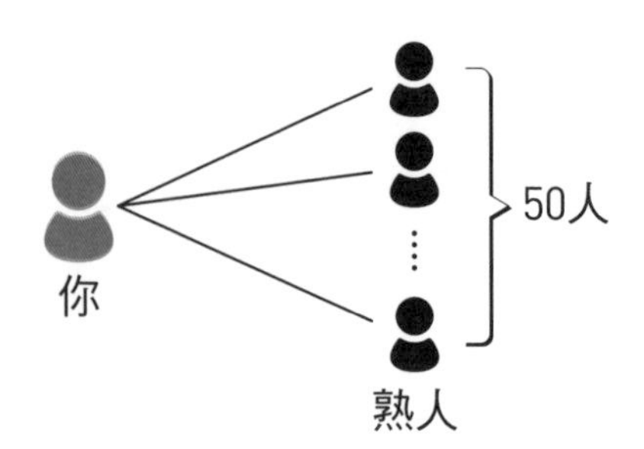

而這50個熟人，每個人還各自有50個熟人，彼此之間完全不重複。由於你所選擇的50位熟人每位還會再有50個熟人，因此從你的角度看，「熟人的熟人」有50×50＝2500人。

而因為這2500人每個人也都有50個彼此不重複的熟人，所以2500×50人＝125000人，這是你「熟人的熟人的熟人」的人數。

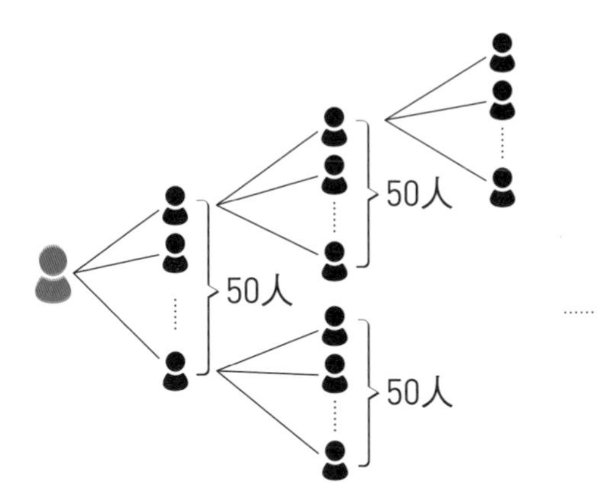

覆這個過程，要直到什麼時候才能超過全世界人口的78億人（聯合國人口基金《2020年世界人口狀況》）呢？

熟人：50人

熟人的熟人：50×50人

⋮

熟人的熟人的熟人的熟人的熟人：50^5＝約3億＜78億＜50^6＝約156億。由此可知只要到了第6步，就已經與世界上的任何一個人有了聯繫。這個想法本身很單純，不過也是乘法運算會爆炸性增長的著名範例。另有「六度分隔理論」來形容這個概念。

這邊還可以更進一步思考：若反過來說，只要到第6步就已與世界上任何人建立起了聯繫，那麼每個人平均最少要認識幾個完全不重複的熟人？

若將此人數設為N，那麼上面所述第6步的熟人，也就是「熟人的熟人的熟人的熟人的熟人的熟人」，就會有N^6人。

因此只要算出N^6＞78億時，N的數值為多少即可。44^6≒72.5億＜78億＜83億＝45^6，可知所求的N為45人。

換言之，如果所有人都有45個熟人，就可以說全世界的人們都幾乎聯繫在一起了。

這裡之所以用「幾乎」這個說法，是考量到熟人可能會出現重複的情況，不過實際上忽略不計也沒關係。往後若朋友對你說「我朋友的朋友是藝人！」其實各位也不用太過驚訝。

即便你與你的朋友都各只有50位朋友，但是朋友的朋友就多達2500人了；就算其中有幾名藝人，似乎也不是多麼稀奇的事。

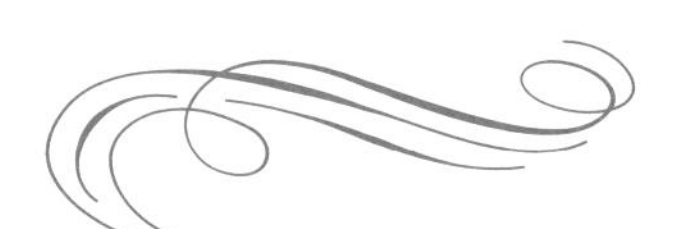

Question.25

難易度

A4紙的有趣謎團

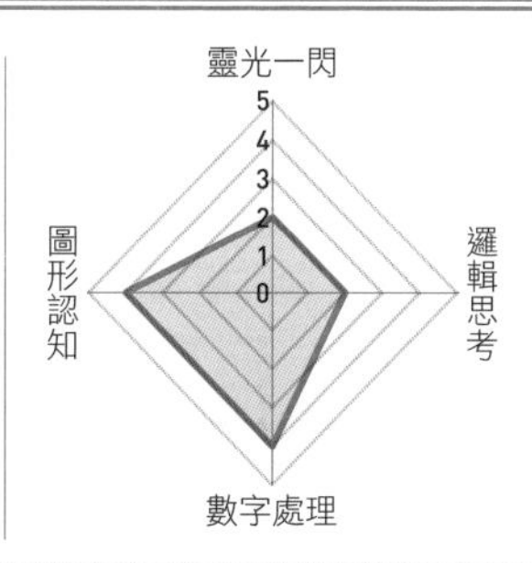

A4紙的長寬比就算在對折後也不會改變，那麼其長寬比為幾比幾呢？

HINT

答案會出現「根號」。不妨實際畫圖來思考吧。

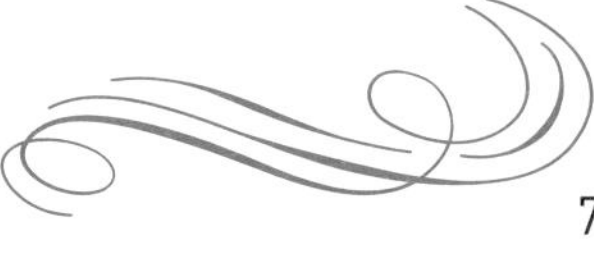

Answer

$\sqrt{2}:1$

解說 **A4紙或B4紙等含有A、B規格的紙張中潛藏的比例特性。**

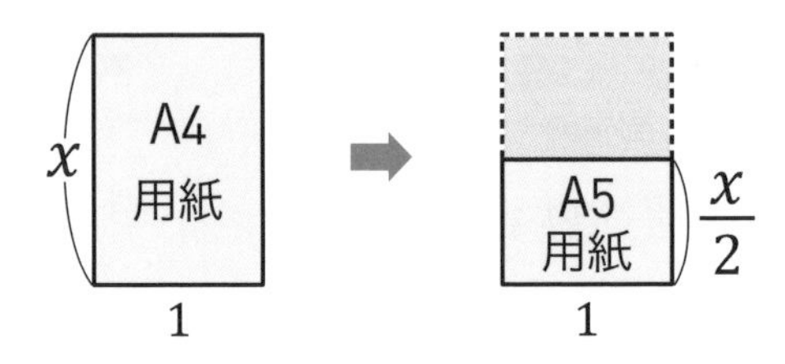

假設A4紙的長寬比為$x:1$。將A4紙對折後，可以表示為長為1、寬為$\frac{x}{2}$。因為就算再次對折，長寬比也不會改變，所以$x:1=1:\frac{x}{2}$成立。實際進行計算後，

$$1=\frac{x^2}{2}$$

$$x^2=2$$

$$x=\pm\sqrt{2}$$

因為$x>0$，所以$x=\sqrt{2}$。也就是說，A4紙的長寬比為$\sqrt{2}:1$。

換言之，對折A4紙後的尺寸A5紙的長寬比也是$\sqrt{2}:1$。以此類推，無論是對折A5紙後的A6紙，還是排2張A4紙所做的A3紙，長寬比都一樣是$\sqrt{2}:1$。各位不妨實際折看看。

Question.26

難易度

★★★★☆

看起來有幾個立方體？

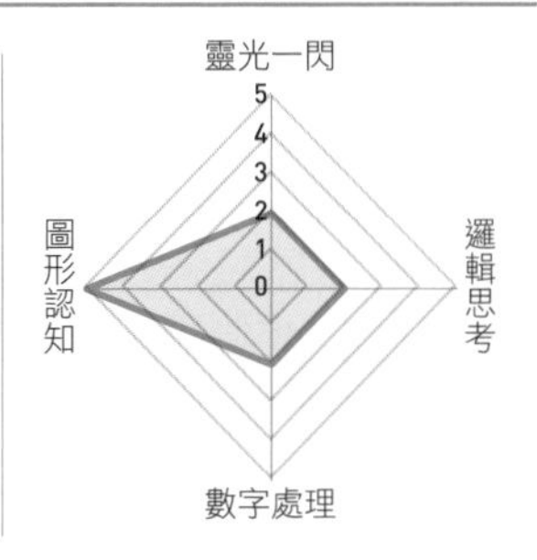

這裡有個長、寬、高
全部堆疊10層立方體的
大立方體。也就是說，
全部共有1000個立方體。
當我們從斜上方觀察時，
看得到的立方體個數有幾個？

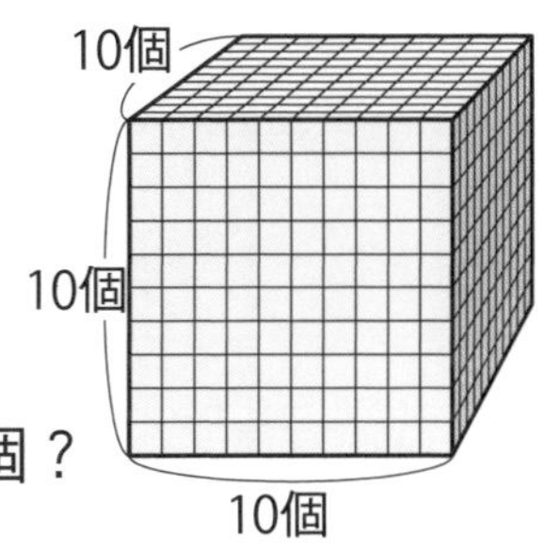

從這裡可見的立方體

HINT

先從簡單的設想開始，加深對題目的理解吧。若長、寬、高各堆疊3層時，可以看見幾個立方體呢？

Answer

271個。

解說 小心同一個立方體不要數2遍。

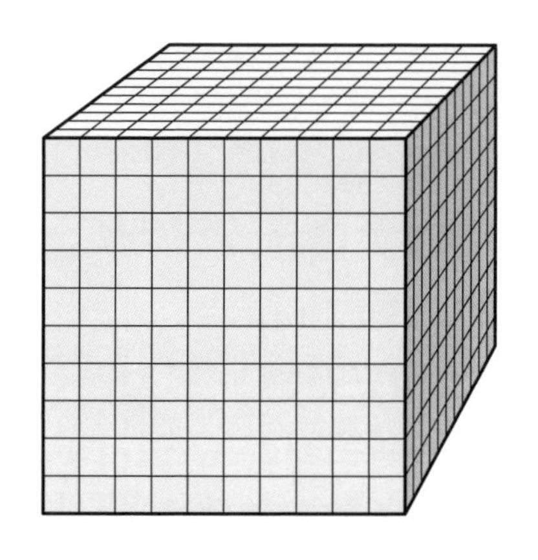

若各位手邊有四邊形的盒子，可以嘗試拿起來轉動並從斜上方觀察，看看一次最多能看見幾個面。

無論怎麼努力，一次最多都只能看見3個面才是。因此，只要數3個面的立方體個數即可。

這個時候需要注意，同一個立方體不要重複數。

上方的面數起來是10×10＝100個。

數正面時因為最上層已經數過了，所以要減掉這一層，為9×10＝90個。最後數右方的側面時，再將已經數過的上面與正面減掉，為9×9＝81個。

將這些全部加起來就是答案：100＋90＋81＝271個。

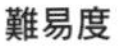

Question.27

求甜甜圈面積

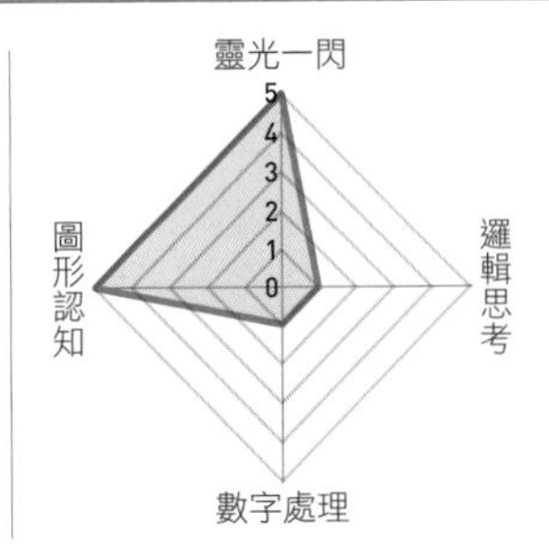

假設不知道中間圓孔的大小，那麼著色處的面積為何？（為方便計算，圓周率請設為「π」）

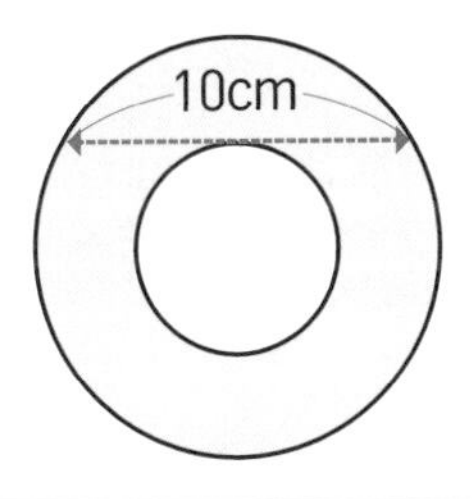

HINT

正中間的圓孔大小無關乎答案，答案只會有1個。無視計算過程，靠直覺回答也沒關係。

Answer

25π cm²

解說　這是個只要憑藉這樣的資訊就能解開的奇妙數學題。

雖然不知道中間圓孔的大小，不過若假設一個直徑10㎝，而且中間沒有圓孔的圓，那麼可以算出這個圓的面積為25π cm²這個答案與本題的解答是一致的。

前面雖提到只要靠直覺找到解答就好，但其實以下才是正確的計算方法。

先將大圓的半徑設為x cm，小圓的半徑設為y cm。由於想求的是著色處的面積，所以若將此面積設為S，就能得出$S = \pi x^2 - \pi y^2$。

然後如圖上x、y所示，可以利用「畢氏定理」來導出$x^2 = y^2 + 5^2$。最後再將此代入到上面的算式後，

$$
\begin{aligned}
S &= \pi x^2 - \pi y^2 \\
&= \pi(y^2 + 5^2) - \pi y^2 \\
&= 25\pi
\end{aligned}
$$

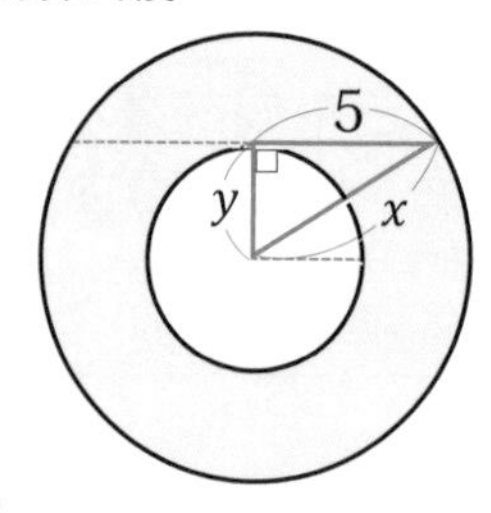

於是可以知道所求的面積為25π cm²。

Question.28

難易度

看懂時鐘的時間

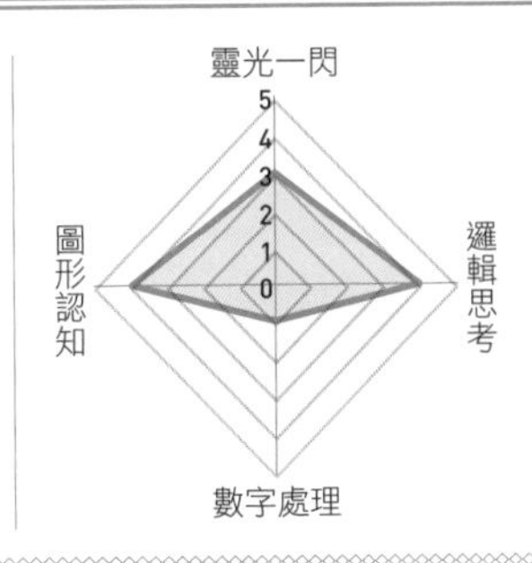

這個時鐘的時間是幾點？
已知這個時鐘的短針與長針
長度相同，無法區別，
而且時鐘本身已經傾斜，
正上方不一定是12點。

HINT

雖然題目中不知道哪根才是短針，不過可以試著將2根針各自視為短針，確認長針所指的分是否合乎邏輯。

Answer

8點24分。

解說 **從短針也能看出時鐘的「分」。**

若藍針當作短針
〇點48分
※實際上並沒有指著 48 分

若灰針當作短針
〇點24分

首先，調查2根針哪根才是短針。短針每小時會轉動5個刻度，換句話說，若短針從寫有數字的刻度往前1個刻度，那麼就算不知道是幾點，也能看出分是「12分」。如果假設位在上面的針是短針，那麼從針的位置可以判斷當時的時間應該是「〇點48分」。

然而，既然另一根針的長針位在離開數字2個刻度的地方，並沒有指著「48分」，那麼可以知道這個假設是錯的。

用同樣的方式驗證另一組假設，可以從短針看出時間應該要是24分，而長針也的確位在可以表示24分的位置。最後只要將時鐘擺回長針指24分的方向，就能知道短針表示的是8點。

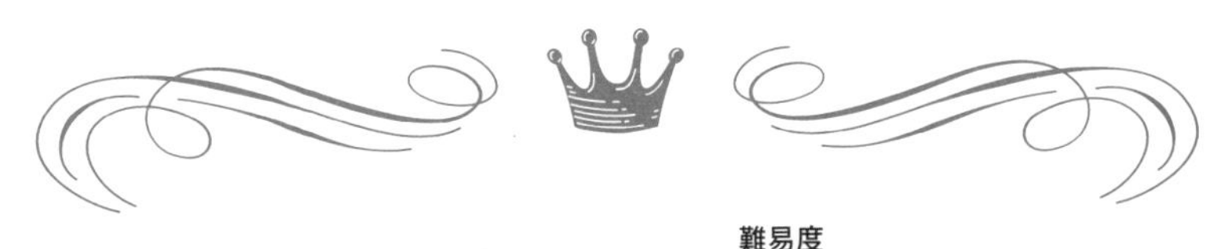

Question.29

難易度

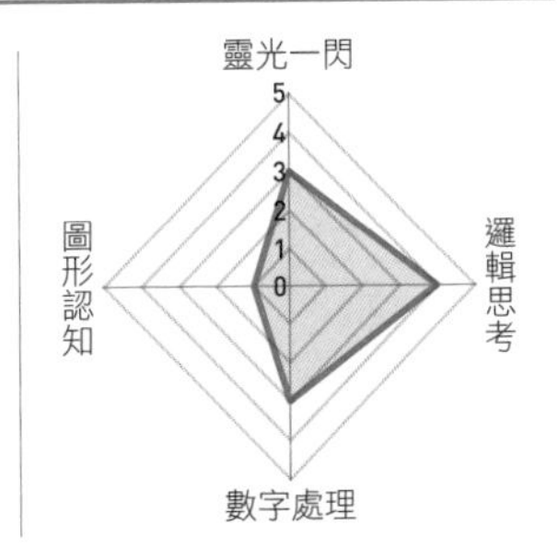

增加的細胞

在某個小瓶中，有1個在1分鐘內會增加2倍的細胞。假設60分鐘後，小瓶會增加到全滿，那麼增加到剛好一半的量時，是過了幾分鐘後呢？

HINT

即使不知道小瓶的大小，也能找出答案。各位可以在腦中思考，或在紙上畫圖，嘗試進行各種計算。

Answer

59分。

解說　直覺像是30分，但其實……

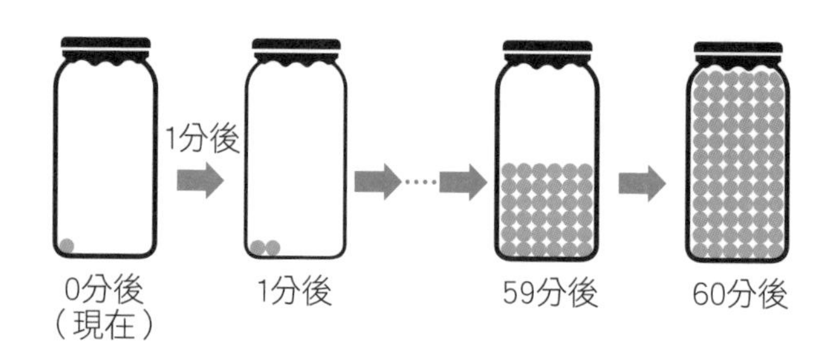

各位心中是不是覺得既然60分後會全滿，那麼30分後會增加到一半呢？

正確答案是「59分後」。先試著從全滿時的個數來思考吧。1分後是2個，2分後是2×2個，3分後是2×2×2個……以此類推，60分後就是$2 \times 2 \times \cdots\cdots \times 2 = 2^{60}$個。

那麼，這個個數的一半是多少呢？沒錯，就是減少1個×2的2^{59}個。從前面的算法可以得知，增加到2^{59}個時即是59分後。

相較於時間的分是以加法增加，細胞的個數則是以乘法增加。憑直覺用同樣的方式（÷2）計算這2個數值，是無法得出答案的。

難易度

Question.30

★★★★☆

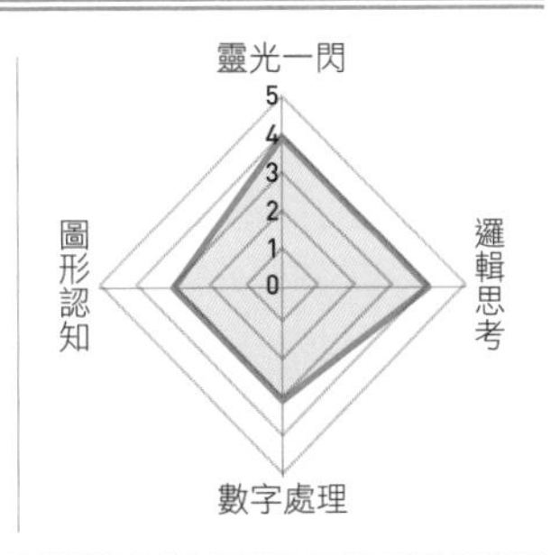

1年用了多少廁紙？

全日本1年間廁紙的消費量是多少呢？
請試著從自身的經驗來估算。

HINT

家庭內的廁紙消費量會是多少呢？別急著直接估算1年，先從1個星期等較短的時間開始就好。

Answer

約60億捲。

解說 **先從自己的經驗開始想像。**

這裡要採用一種稱為「費米推論」，可以從自身經驗大致推估數值的方法。雖然有各式各樣的計算方法可以用來推估答案，不過這次從「自己手掌的大小」來計算看看吧。

以下即是1個計算的範例：假設1天使用1次廁紙，每次使用3組，每組由10張疊在一起，那麼就可以推估1天的使用量。

若以紙張的尺寸為手掌大小來計算的話，15㎝×10×3＝450㎝，也就是1天使用4 m～5 m左右。換句話說50 m長的廁紙，大約在1星期到10天之內會用完。

由此可以推算，1個人1年內大概會使用30～50捲的廁紙。以日本1.2億人口來計算，就能推估每年約使用60億捲。

順帶一提，根據「日本廁所協會」官方網站的資訊，4人家庭每個月的廁紙平均使用量為16.8捲，換算下來1個人每個月的使用量為4.2捲，1年50.4捲，與上面的計算結果幾乎一致。

雖然想用費米推論算出精確答案非常困難，不過若像這次的問題般只要位數合乎常理，就可以帶著自信說答案相去不遠吧。用費米推論計算派出所或便利商店的數量等也很有趣喔。

Question.31

難易度

文字的起源

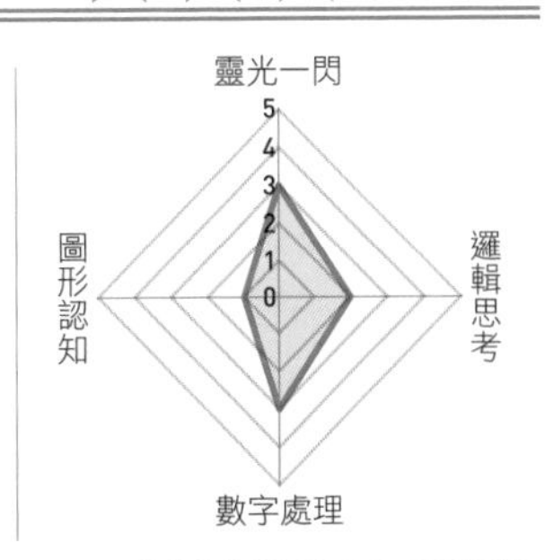

以前的人會用小刀在木頭上刻出痕跡來計數，據說這就是羅馬數字的起源。
各位能想像它是怎麼誕生的嗎？

HINT

若只是不斷像「｜｜｜｜｜｜｜｜｜｜」般寫下去，感覺到最後會搞不清楚數到哪裡呢。

Answer

每數到5便在刻痕上添加其他記號，羅馬數字就是這樣誕生的。

解說 **據說古羅馬時期的人們覺得只有線或點很容易搞混，所以用刻上其他記號的方式來計數。**

古代人在數羊時，會將數目刻在木頭上。為方便計數，每數到5就改變刻痕的形狀（5為「V」，10為「X」）。

4為「V」加上前一個刻痕，而成了「Ⅳ」。

這麼一來即使不知道現在數到哪了，也不用再從頭開始數。

我們會使用「正」字來計數，而像這類用來計算數量的符號統稱為「計數符號」，在世界各地有各式各樣的類型。

Question.32

難易度 ★★★★☆

九九乘法表
所有答案的和

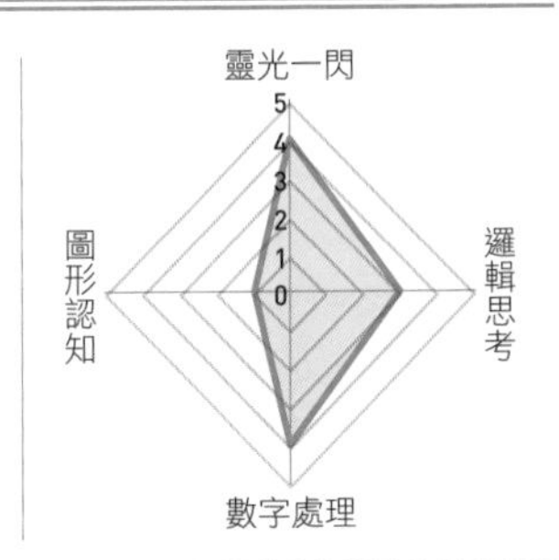

將九九乘法表上

所有答案全部加起來會是多少？

HINT

這題可以從各種方法算出答案。若各位想到某種方法，不妨直接用那種方法來計算看看吧。

Answer

2,025

解說 **這個問題有多種解法，了解這些解法與其思維才是最大的樂趣。**

可以從各種方法算出答案，解法多樣也是這個題目的一大特色。

第1種

雖然老實地把9×9個格子的答案全部加起來也能算出答案，但這樣效率太差了。

如果注意1與2這兩列，可以知道2這列每個答案都是1這列的2倍。

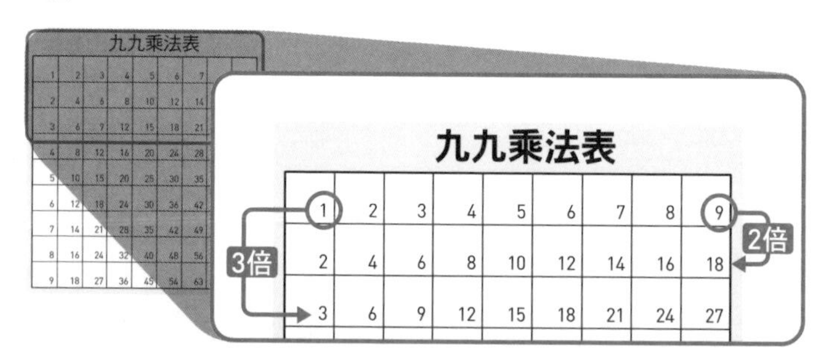

同樣地，3的列是1的列的3倍。以此類推，將1的列所有答案加起來（1＋2＋3＋4＋5＋6＋7＋8＋9＝45），然後再乘以45倍（1＋2＋3＋4＋5＋6＋7＋8＋9），就能得出答案。

計算過後為

45×45＝2025

雖然計算上有些複雜，但仍是頗為經典的解法。

第2種

接下來則要介紹令人感到有些意外的解法。

這個方法的思維是，憑直覺想到九九乘法表的正中間答案為25，而這是整體的平均，因此只要乘以81倍就能得到答案。

這的確也是能算出答案的解法，25 × 81 ＝ 2025。雖然這嚴格來說不算是正確的方法，不過至少在這題中，靠著這類直覺也能得到與正確答案相同的數值。

九九乘法表

1	2	3	4	5	6	7	8	9
2	4	6	8	10	12	14	16	18
3	6	9	12	15	18	21	24	27
4	8	12	16	20	24	28	32	36
5	10	15	20	25	30	35	40	45
6	12	18	24	30	36	42	48	54
7	14	21	28	35	42	49	56	63
8	16	24	32	40	48	56	64	72
9	18	27	36	45	54	63	82	81

第3種

最後則要介紹一個活用九九乘法表特性的特殊解法。只要使用4張九九乘法表，每旋轉90度就疊上1張，最後可以發現若把重疊的格子所有數字加起來，會發生不可思議的事。

譬如最左上的格子為1 ＋ 9 ＋ 81 ＋ 9 ＝ 100，而其他格子也全都相同，4個數的和為100。利用這個特性，在4張重疊的狀態下，81個格子合計為

100 × 81 ＝ 8100

而這個答案是4張合計，因此再除以4就能得出答案。

8,100 ÷ 4 ＝ 2,025

這個方法也算出同樣的答案。

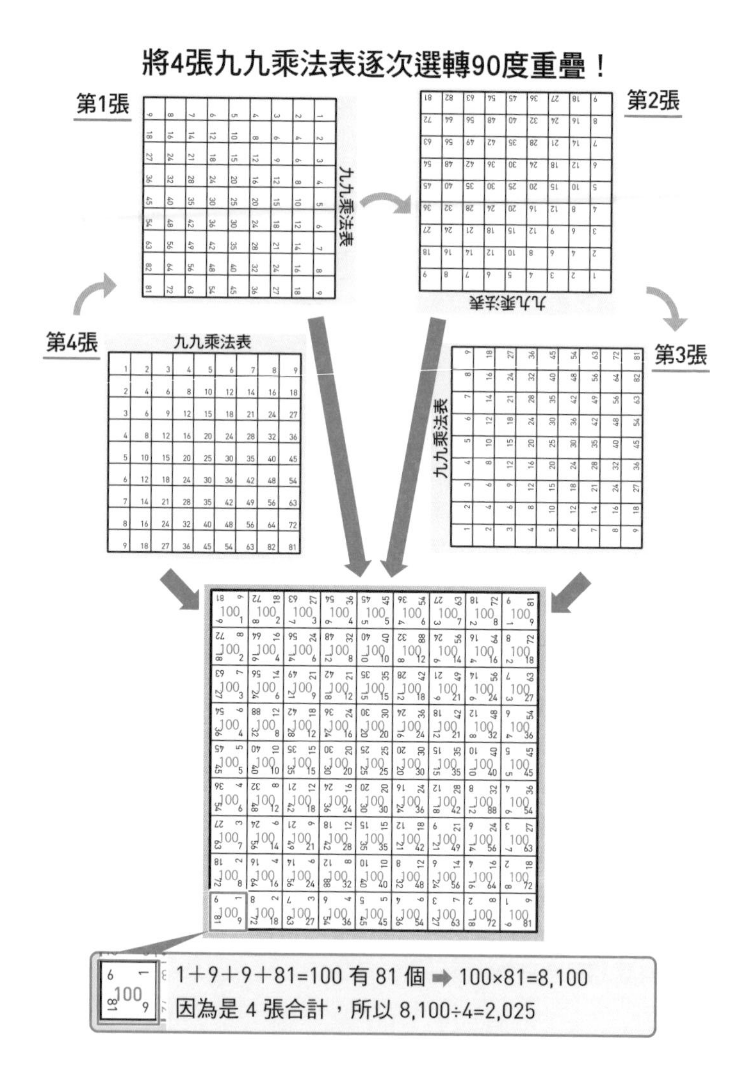

算出答案的計算方法不只1個，各位不妨用自己的方法算出答案吧。

Question.33

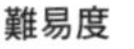

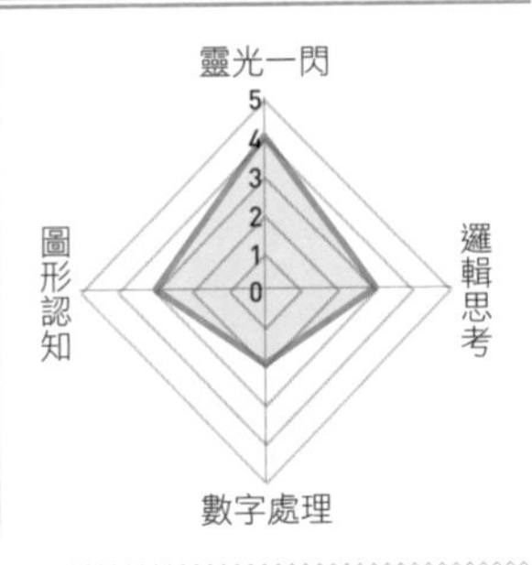

紙杯的材料使用量

我們偶爾會看見
像這種圓錐形的紙杯。
據說基於某個理由，
這種紙杯有著比一般的紙杯
更優秀的特性。
這種紙杯到底有什麼優點呢？

HINT

順帶一提，其缺點是容量會變少。不過除此之外，這種紙杯仍有其他優點。

Answer

雖然圓錐形紙杯的杯口大小與一般紙杯幾乎相同，但比一般紙杯更不占空間。另外，這種造型也能節省紙的用量。

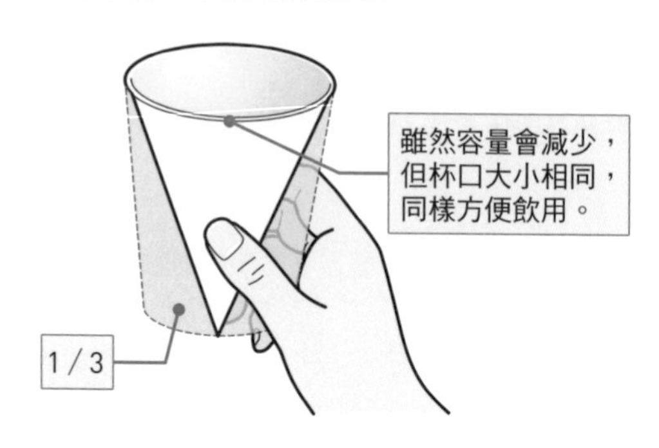

解說 **有助於節約的數學知識。**

圓錐形的紙杯比一般的圓柱形紙杯更能節省所需的紙材。普通大小的紙杯，與同樣高度的圓錐形紙杯相比，使用的材料量將近2倍。

此外，若將一般紙杯的形狀當成圓柱形，那麼圓錐形紙杯的體積就只有圓柱形紙杯的1／3，因此同樣個數的紙杯，圓錐形更不佔空間。

不過可惜的是，容量與相同高度的圓柱相比也只有1／3。百匯這類甜點時常裝在圓錐形容器裡，或許就是為了讓顧客覺得自己吃的比實際的量還要多也說不定。

與圓柱相比，雖然材料用量約為1／2，但容量則變成了1／3，需要多加注意。

難易度

Question.34

數學猜謎

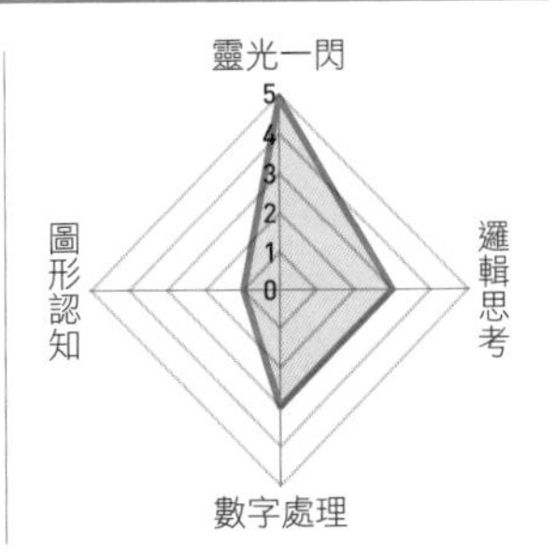

?裡面的數是？

山	＋	氏	➡	7
球	－	吳	➡	4
肋	×	山	➡	18
銃	÷	吳	➡	?

HINT

這完全是腦筋急轉彎。從各種角度觀察，說不定靈機一動就能想出答案。

Answer

2

解說　其實這個問題有2種解法。

さん 山	+	し 氏	➡	7
きゅう 球	−	ご 吳	➡	4
ろく 肋	×	さん 山	➡	18
じゅう 銃	÷	ご 吳	➡	2

或是

3劃 山	+	4劃 氏	➡	7
11劃 球	−	7劃 吳	➡	4
6劃 肋	×	3劃 山	➡	18
14劃 銃	÷	7劃 吳	➡	2

如果看漢字的日文讀音，第1行是「さん＋し」（音同3＋4），答案等於7。第2行是「きゅう－ご」（音同9－5）等於4，第3行是「ろく×さん」（音同6×3）等於18。這樣看下來，最後一行是「じゅう÷ご」（音同10÷5），答案也就是2了。

不過還有另一個方法，其實看字的筆劃數也能得到相同答案。第1行的字各為「3劃」與「4劃」，這樣看起來答案也同樣是7。

其他行的算法也相同，而最後一行就是「14劃」與「7劃」，答案就是「14÷7＝2」，與上面的答案相同。

即使題目放入不同於數學的猜謎要素，也能發現有趣的現象呢。

難易度

Question.35

★★★☆☆

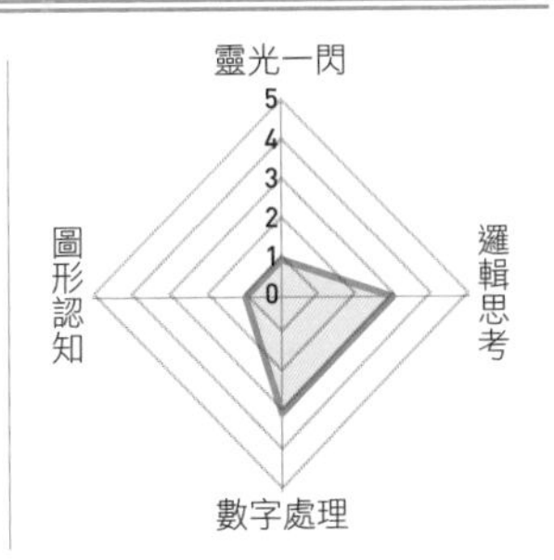

可以用玉米棒繞地球1圈？

據統計，玉米棒每年可以賣出7億支。若將1支玉米棒的長度設定為約11cm，那麼將7億支全部串聯起來，長度會是多少呢？與地球的大小相比如何呢？

HINT

地球的大小為繞行1周4萬km。那麼接下來可以比較地球與玉米棒了嗎？

Answer

可以環繞地球幾乎2圈。

解說　地球1圈約4萬km，各位不妨將這個數據記起來。

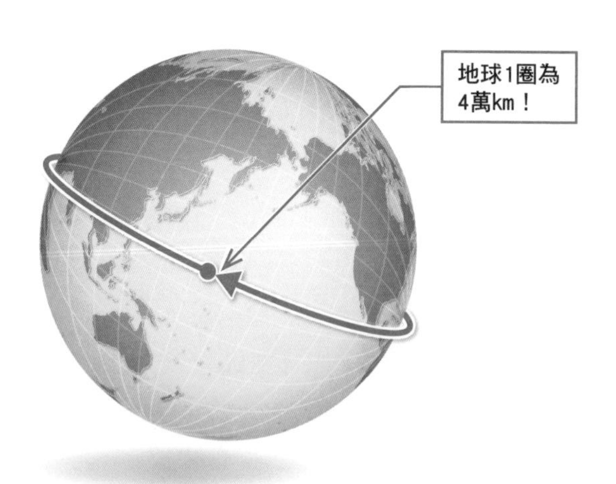

簡單計算為11㎝×7億＝77億㎝，換算km為7.7萬km。由於地球周長為4萬km，所以是將近2倍的長度。玉米棒的銷售量真是驚人啊！

難易度

Question.36

★★★☆☆

將某個「秒」重新改為「週」

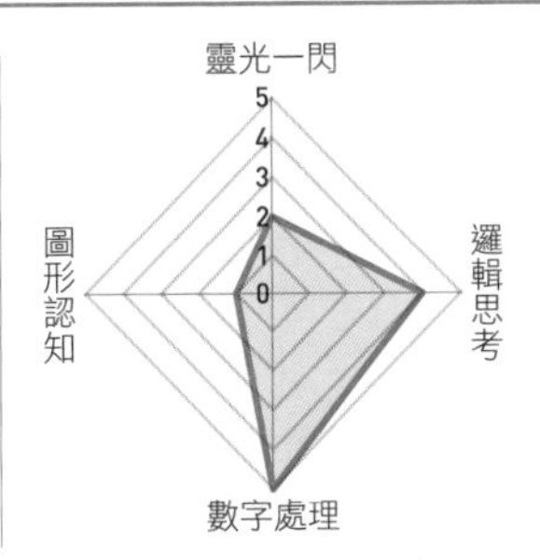

10！秒是幾週？

HINT

「2！」或「8！」等標記方式並不是指對數字很驚訝。這些在數字後方加上驚嘆號的數，被稱作「階乘」。

1！＝1　　　　　2！＝1×2

3！＝1×2×3　　4！＝1×2×3×4 ……

那麼，1天是幾秒呢？而1週又是幾秒呢？若換算成具體數值，數值會大得相當驚人，這時候留下乘法運算的算式或許更有助於計算。

Answer

剛好6週。

解說　**從1週7天這件事所引發的小小奇蹟。**

1分鐘為60秒，而1小時為60分，因此1小時有$60 \times 60 = 3600$秒。1天有24小時，為$24 \times 60 \times 60$秒。

1週有7天，所以是$7 \times 24 \times 60 \times 60$秒。

接下來將這個數字分解成更小的數字來做乘法運算吧。$24 = 3 \times 8$，$60 = 4 \times 5 \times 3 = 2 \times 10 \times 3$，因此可以知道1週有$2 \times 3 \times 4 \times 5 \times 7 \times 8 \times 9 \times 10$秒。

10！秒用乘法算式表示$10 \times 9 \times 8 \times 7 \times 6 \times 5 \times 4 \times 3 \times 2 \times 1$秒，與上面1週的秒數相比，可知少乘上了6。換句話說，6週剛好就是10！秒。從這裡也可以發現，階乘具有急速讓數值增大的作用。

另外在這個問題中，可以不進行實際的計算，只要留下乘法運算的算式就能得出答案。「整數的結構由乘法表示」，可說是數學中的鐵則。

難易度

Question.37

★★★★☆

船隻在河川與湖泊的船速有多少差距？

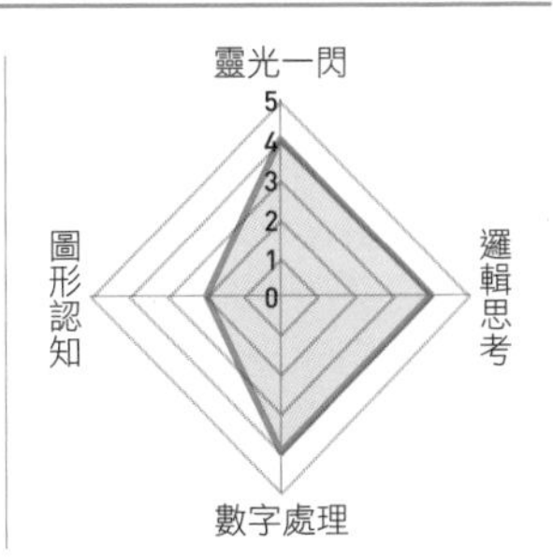

如果在有水流的河川，以及沒有水流的湖泊內，各自以相同引擎速度往返相同距離，那麼哪一邊會比較快？

HINT

雖然沒有給予數值，但試著想像秒速10 m的船隻在流速每秒5 m的河川上移動的情景，或許能幫助思考。

Answer

在沒有水流的湖泊上往返比較快。

解說 即使順流而下很快，但逆流而上會變更慢。

正確答案是「在沒有水流的湖泊上往返比較快」。從實際例子來思考看看吧。

圖1

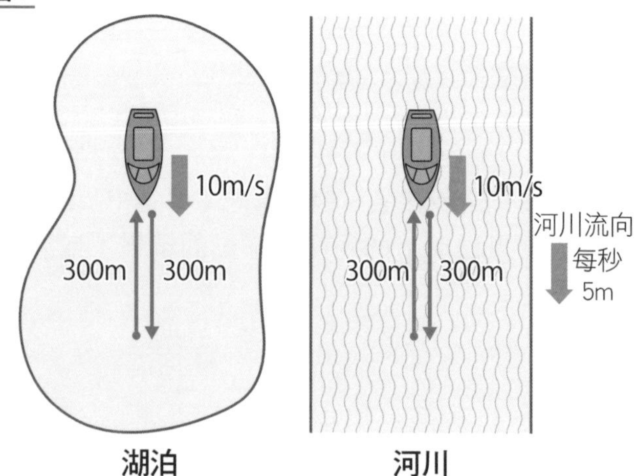

如圖1所示，假設船能夠以每秒10 m/s的速度移動，並往返300 m的距離，那麼在沒有水流的湖泊上，可以用300÷10×2＝60秒的時間往返。另一方面，若是在水流速度每秒5 m的河川上，那麼往返的速度各為10＋5＝15 m/s與10－5＝5 m/s。因此，往返需要花費300÷15＋300÷5＝80秒的時間。

由此可知，在沒有水流的湖泊上往返更快。這裡也能試著改變河川流速來計算看看，假設河川的流速是每秒2 m。

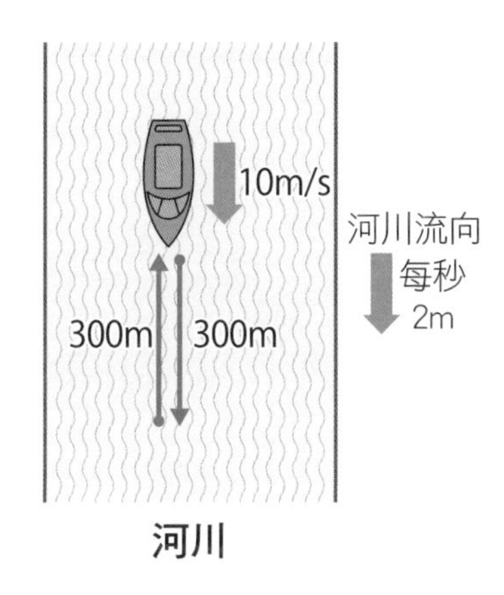

河川

那麼往返的速度各為10＋2＝12 m/s與10－2＝8 m/s。因此，往返需要花費300÷12＋300÷8＝25＋37.5＝62.5秒的時間。雖然與上面的例子相比縮短了時間差距，但在沒有水流的湖泊上往返還是比較快。

換句話說，比起河流幫助船隻加速，因為河流而減速的影響反而更大。

進階問題

將河川流速設定為秒速10 m/s時，那麼以秒速10 m移動的船隻，其往返時間的差距有多大？

Answer

逆流而上時因為10－10＝0，船隻完全不會前進，所以根本無法往返。

解說 雖然順流而下極快，但逆流而上時別說變慢，根本就動不了。

或許不用再多做說明了。順流而下的速度是河川流速＋船的移動速度，因此船速每秒會再快10 m/s。

然而逆流而上是10－10＝0，速度變為每秒0 m，船隻會無法前進。

Question.38

難易度

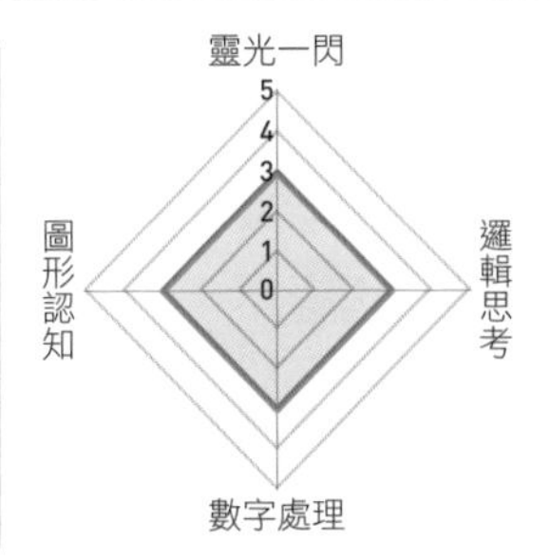

鮪魚肉的算法※

※ 本題目是針對日語使用者所設計。

請盡可能回答所有想得到的鮪魚肉算法。

Answer

活著的時候用「匹」數，從船上卸下來就用「本」，切半後用「丁」，切成方塊狀用「塊」，切成細片後用「柵」，切成1口大小用「切」，最後若當成壽司食材則用「貫」。

解說 不同狀態有各式各樣的計數方式！

在這世上同一種物體算法如此千變萬化的，大概也不多了。

Question.39

難易度

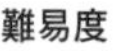

小町算

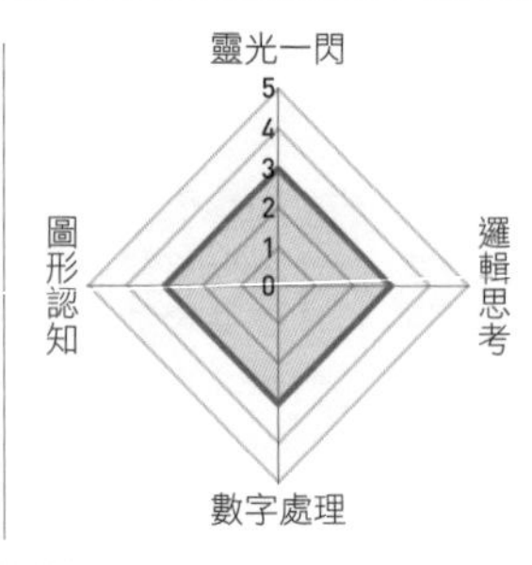

1　2　3　4　5　6　7　8　9

在上面的數字之間放入四則運算的符號，做出答案會是100的算式。

Answer

1×2×3×4＋5＋6＋7×8＋9＝100

解說　**這是最著名的數學遊戲之一。**

這種數學遊戲稱為「小町算」。規則相當簡單，在1到9的數字之間放入四則運算的符號，做出計算結果等於100的算式。譬如以下即是其中一種解答：

1×2×3×4＋5＋6＋7×8＋9＝100

雖然計算相當辛苦，但是規則簡單，可以當成鍛鍊大腦的數學遊戲，還請各位一定要玩玩看。

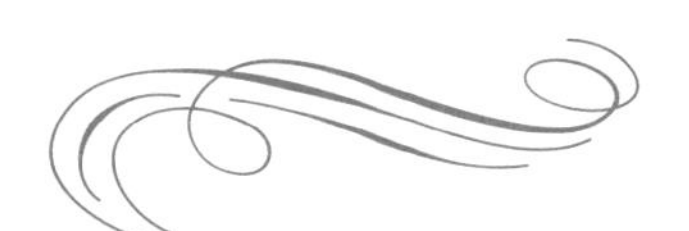

難易度

Question.40

★★★★★

求三角形放大後的三角形面積

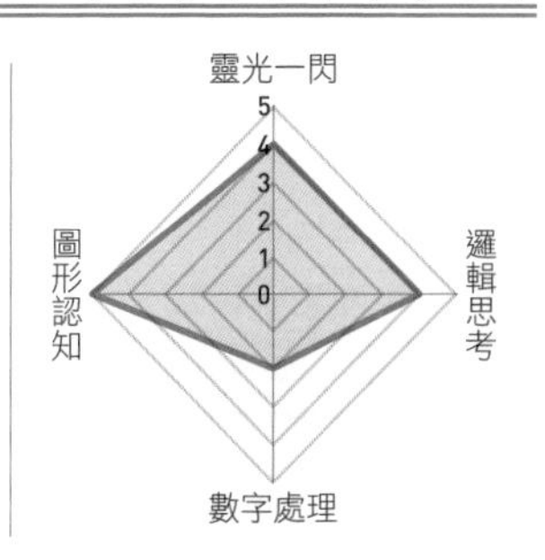

將正三角的邊延長為2倍，
再將所有邊連起來而成的
放大版正三角形，
是原本正三角形的幾倍大？

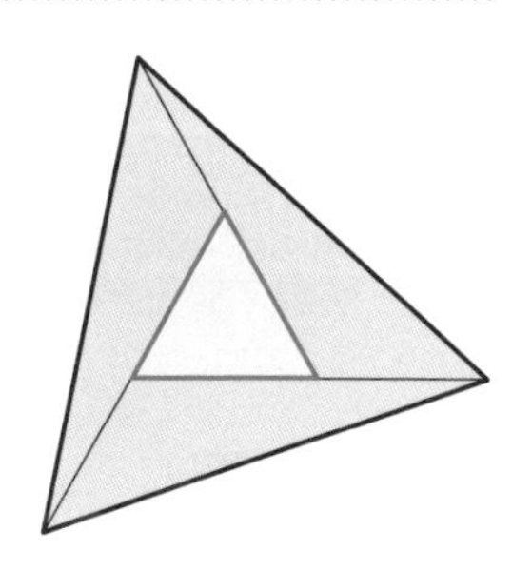

HINT

在圖上畫輔助線，分割成數塊同面積的三角形吧。只要回想起三角形的面積算法，應該就能想到分割同面積三角形的方法。

Answer

7倍。

解說 **只要一步一步思考就能找到問題的解法。**

如以下圖1般畫出3條輔助線（黑色虛線），就能分成A、B、C、D、E、F、G共7個三角形。其實這7個三角形的面積全都相同。

圖1　三分成7個三角形

為了解釋7個三角形的面積為何相等，這裡請先注意三角形A與B。

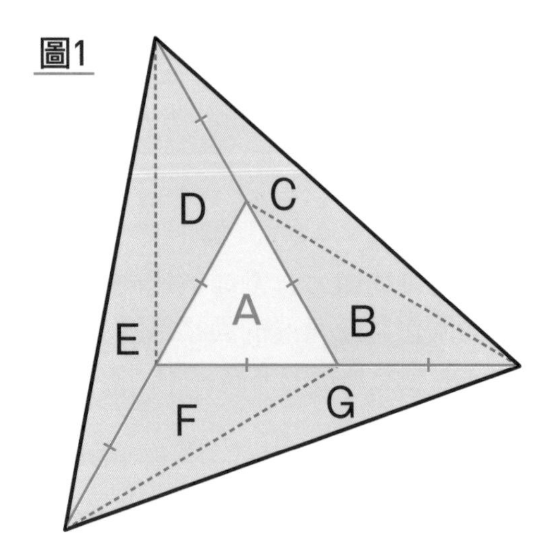

圖2　比較三角形A與三角形B的大小

三角形A是原本的三角形，從「三角形A的1個邊延長為2倍」這個提示來看，若將三角形A往右延長的線當成底邊，那麼就可以知道三角形A與三角形B的底邊長度是相同的（圖2）。

此外，三角形A與三角形B的高度也相同。換句話說，2個三角形的面積也是相等的。接著來看三角形B與三角形C。

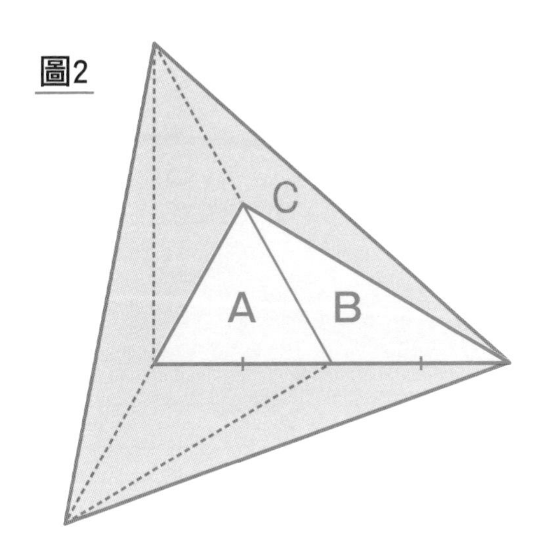

在數學中，乍看之下不同的事物其實相同，這種視角是很重要的。而在這視角下，針對圖形問題自行畫出輔助線，在一開始或許也是很困難的事，但這同樣也是相當重要的思維。

圖3　比較三角形B與三角形C的大小

這次換成將另一條邊當成底邊。若將原本三角形A右上方的邊延長2倍的線（也就是圖上三角形B、三角形C左側的邊）當成底邊（圖3），那麼與前面一樣，可以知道三角形B、三角形C的底邊長度與高度都是相同的。

可以說，三角形B與三角形C的面積是相等的。

最後只要看圖1即可知道，三角形B、D、F的形狀相同，而三角形C、E、G的形狀也相同。這麼一來可知分成7塊的三角形，其實全部的面積都是相等的。

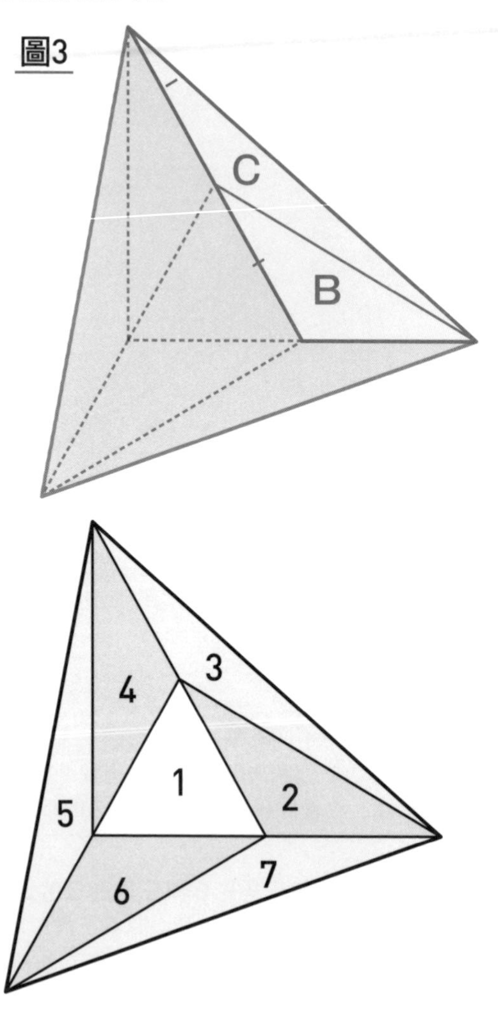

進階問題

用同樣的方式畫出放大版的正方形，請問大正方形的面積是小正方形的幾倍？

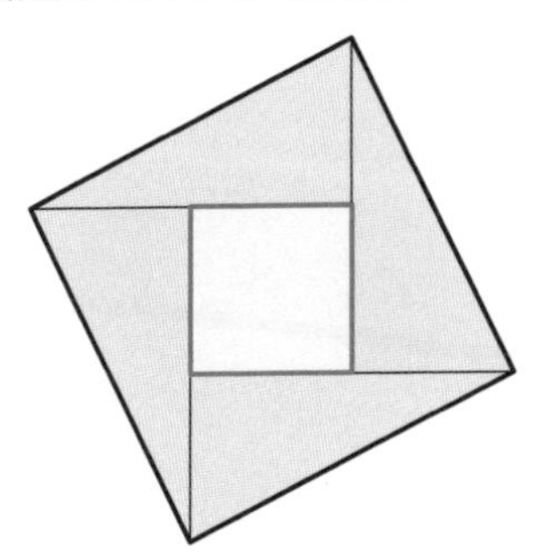

Answer

5倍。

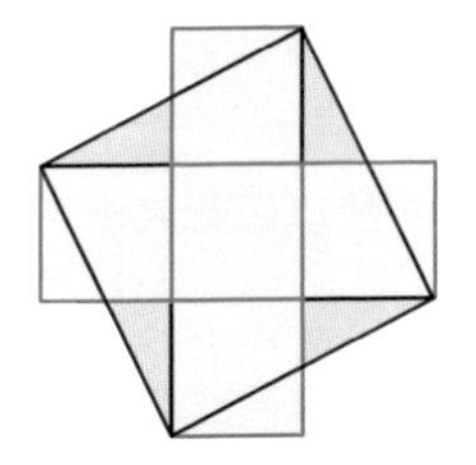

解說　**每個三角形與中央的正方形面積相同。**

採用與前面相同的方法來找出答案當然可以，不過這個問題還可以活用其他思維。

從正方形延伸出去的線再進一步延伸到相反方向，畫出像是把每個三角形都分割成2塊的輔助線後，便可以知道正方形外側的每個三角形，其大小都與中央的正方形完全相同。

因此，大正方形的面積是中央正方形的5倍。

Question.41

難易度

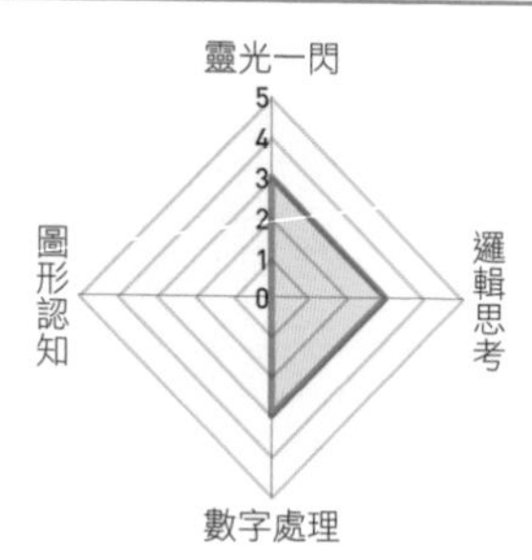

數學遊戲 Make 10

用2、5、6、8進行四則運算，做出答案為10的算式。

Answer

8＋（6－5）×2＝10

解說 **這是著名的數學遊戲之一。**

有種數學遊戲稱作「Make 10」。只要有車票或車牌上的4位數數字，就能用那組數字遊玩這個遊戲，相信不少人應該都玩過。

規則相當簡單，就是用4個數字進行四則運算，做出答案為10的算式。

這邊準備了3道題目，請各位試著解題吧。

①2、4、6、8　　②4、7、5、9　　③1、1、9、9

解答例：①（8÷4）＋2＋6＝10　②（7－5）×（9－4）＝10

③（1÷9＋1）×9＝10

難易度

Question.42

地球表面以多快的速度旋轉？

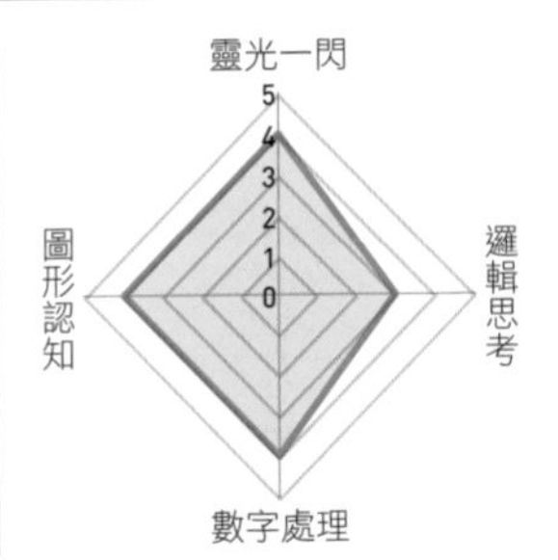

1 m的定義起源於地球北極到赤道距離的1000萬分之1。請問地球表面以時速幾km的速度移動呢？

HINT

地球以多快的速度旋轉呢？這個問題的答案，可能比各位的直覺還要快上許多喔。

Answer

以時速1667km移動。

解說　**地球旋轉的速度根本不是新幹線能比的。**

歷史上最早制定1 m的基準時，是將北極到赤道的距離設定為1000萬m＝1萬km，並由此定義出1 m的。（※由於現今1 m的定義已經改變，因此這個距離變成只是約1萬km了）

只要看下圖，就可以知道地球1圈約為4萬km。因為地球繞1圈耗時1天，即24小時，所以地球表面旋轉的速度為4萬km÷24≒1667km/h。

Question.43

難易度

公平地分配餅乾吧

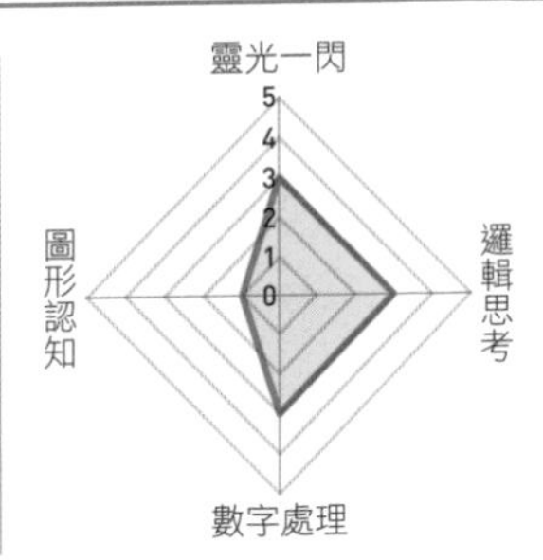

現在想要將餅乾分裝成每包相同個數，並分配給各種不同的人數。從1個餅乾到30個餅乾中，哪一個個數在分裝後可以應對最多種人數？

HINT

實際準備餅乾，或用彈珠等小道具來想像，或許都有助於找出答案。

Answer

24個與30個。

解說　**最好分解的數是12的倍數！**

假設現在想分裝20個餅乾，如果分給2人則每包10個，如果分給4人則每包5個。當然，想1個人全部吃掉也沒問題，這時候就能吃掉全部20個。是的，這道題目與因數的個數有關聯。

若將1到30每個數字的因數列出來，就能得到下表的結果。

1：1	**11**：1, 11	**21**：1, 3, 7, 21
2：1, 2	**12**：1, 2, 3, 4, 6, 12	**22**：1, 2, 11, 22
3：1, 3	**13**：1, 13	**23**：1, 23
4：1, 2, 4	**14**：1, 2, 7, 14	**24**：1, 2, 3, 4, 6, 8, 12, 24
5：1, 5	**15**：1, 3, 5, 15	**25**：1, 5, 25
6：1, 2, 3, 6	**16**：1, 2, 4, 8, 16	**26**：1, 2, 13, 26
7：1, 7	**17**：1, 17	**27**：1, 3, 9, 27
8：1, 2, 4, 8	**18**：1, 2, 3, 6, 9, 18	**28**：1, 2, 4, 7, 14, 28
9：1, 3, 9	**19**：1, 19	**29**：1, 29
10：1, 2, 5, 10	**20**：1, 2, 4, 5, 10, 20	**30**：1, 2, 3, 5, 6, 10, 15, 30

1到30的因數

雖然以上方法可以找出答案，不過計數過程頗為辛苦，所以這裡再介紹一個方法。

在以下這張表中，列出1到30以及每個數字的因數個數。只要每數到1個因數就在下面打上○，最後○的個數最多者即是答案。

	1	2	3	4	5	6	7	8	9	10
1	○	○	○	○	○	○	○	○	○	○
2		○	○	○	○	○	○	○	○	○
3				○		○		○	○	○
4						○		○		○

	11	12	13	14	15	16	17	18	19	20
1	○	○	○	○	○	○	○	○	○	○
2	○	○	○	○	○	○	○	○	○	○
3		○		○	○	○		○		○
4		○		○	○	○		○		○
5		○				○		○		○
6		○						○		○

	21	22	23	24	25	26	27	28	29	30
1	○	○	○	○	○	○	○	○	○	○
2	○	○	○	○	○	○	○	○	○	○
3	○	○		○	○	○	○	○		○
4	○	○		○		○	○	○		○
5				○				○		○
6				○						○
7				○						○
8				○						○

由於○最多的是24與30，所以答案是24個與30個。甜點店販售的甜點禮盒之所以多半內含24或30個，就是因為這2個數是因數很多、方便分配的數字。

順帶一提，那麼最難公平分配的數字是什麼呢？答案是「質數」。譬如13個裝的餅乾，要不是只能1個人吃光，不然就是分給13人每人1個，這樣才能公平地分給所有人。1到30的質數有以下幾個。

2，3，5，7，11，13，17，23，29

每一種個數都只能分給1個人，或是與個數相同的人數。如果手上的甜點數量是這些數字時該怎麼辦呢？最有用的方法是「請某個人少拿1個」或「讓某個人多拿1個」。

以13個為例，如果某個人多拿1個，那麼分給3人時可分成4個、4個、5個，分給4人時可分成3個、3個、3個、4個。分給7人時只要請1個人忍耐、少拿1個，就可以分成1個、2個、2個、2個、2個、2個、2個。這個想法非常實用，萬一需要分裝質數個甜點時，各位可以積極實踐看看。

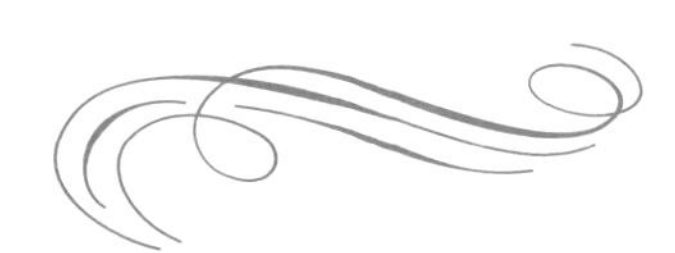

Question.44

難易度

★★★★☆

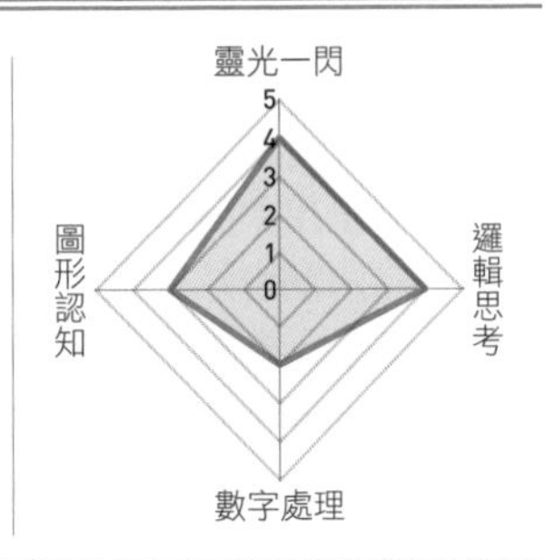

為什麼蜂巢是六邊形？

為什麼蜂巢是六邊形？
蜜蜂喜歡六邊形的理由究竟是什麼呢？

HINT

請從六邊形的特徵思考看看。

若想像六邊形以外的形狀，或許更能看出六邊形的獨特之處。

Answer

因為結構穩定，能在巢中做出寬廣的隔間。

解說 自然界中的幾何圖形。

正確答案是「結構穩定」以及「可以在巢中做出盡可能寬廣的隔間」這兩點。其實若想要在平面不留空隙地鋪滿優美且緻密的圖形，只有三角形、四邊形、六邊形3種選擇。

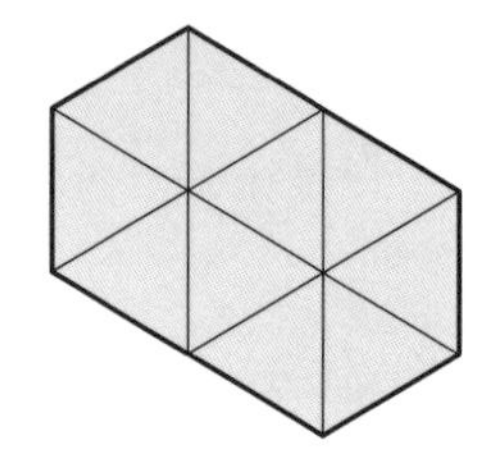

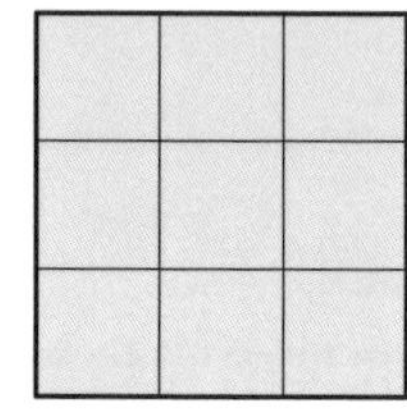

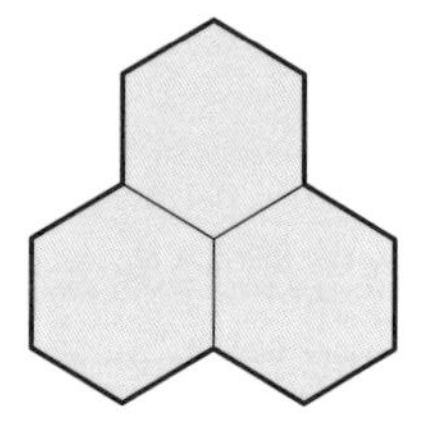

另外，從築巢的蜜蜂視點來看，六邊形如下圖般是從3個方向延伸而出的形狀所建構而成。如果是三角形則需要6個方向、四邊形則需要4個方向才能成形，製作這2種形狀的巢都比六邊形更費事。

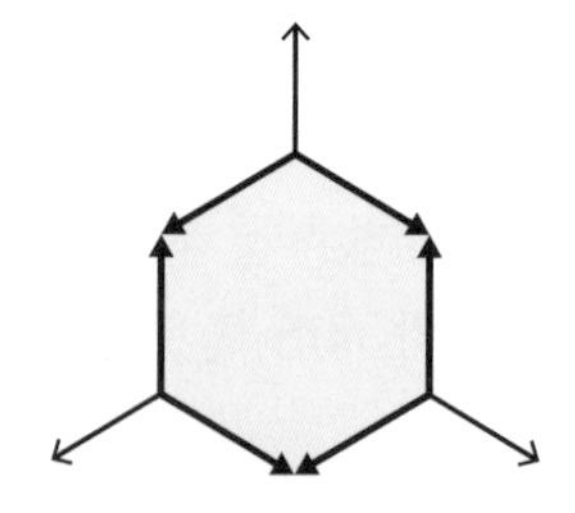

從以上說明可知，蜜蜂的真正目的是製作最有效率的巢。這個結構被稱為「蜂窩狀結構」。

六邊形具有「可以在六角柱排列中鋪滿最緊密的圓」這種特性，因此可以說六邊形是最適合用來填滿平面的形狀。

難易度

Question.45

為什麼東京鐵塔的骨架是三角形？

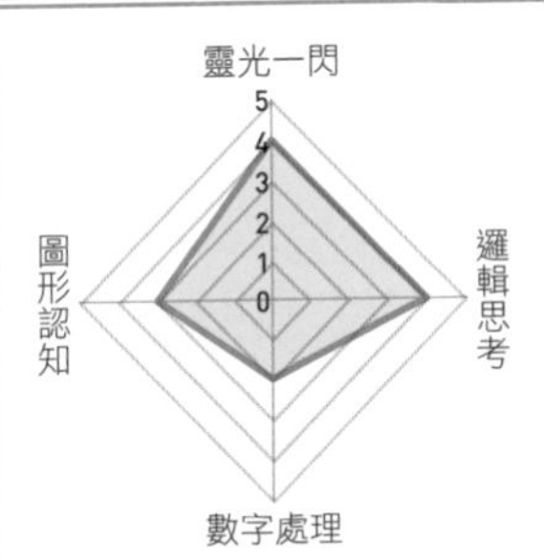

作為東京地標之一的東京鐵塔，
為何其骨架是三角形呢？

HINT

這次換成思考三角形的特徵吧。

同樣地，這裡也想像三角形以外的形狀，或許就能看出三角形的特徵所在。

Answer

因為三角形很堅固。

解說 **生活中常見的幾何圖形。**

最重要的理由之一是，三角形比四邊形、五邊形更「不自由」。

以四邊形為例，如果我們準備4根長度相同的棒子，只能組出1種四邊形嗎？實際上如下圖所示，其實我們可以用4根棒子做出各式各樣的四邊形。這種圖形的性質稱為「有自由度」。

相比之下，三角形又如何呢？其實三角形並沒有「自由度」。換句話說，當我們準備3根棒子時，只要想組出三角形，最後都只能組出1種三角形而已。這種「難以改變」、「自由度少」的特性，也就是「不自由」的程度，反而穩定了三角形的結構。如果骨架採用自由度較高的四邊形，就會因為形狀無法固定而導致建築崩毀。

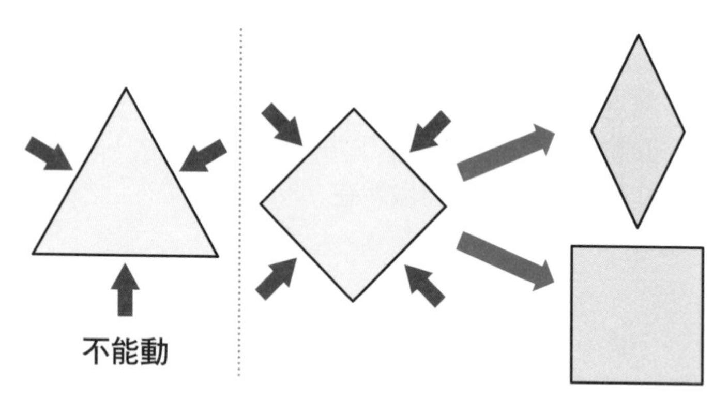

難易度

Question.46

如何在只有2個人的情況下平分蛋糕又不會吵架？

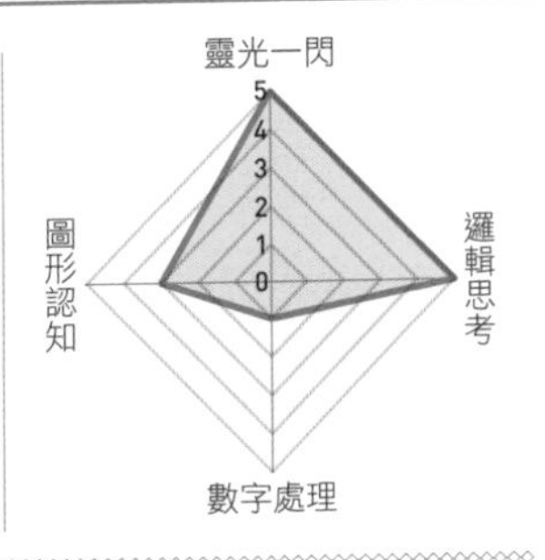

在只有2個人的情況下想分蛋糕時，
該怎麼做才能平分給2個人，又不會吵架？

HINT

使用的工具只有蛋糕刀，不需要使用尺規。另外，無論蛋糕形狀為何，都會得到相同答案。

Answer

制定「其中一個人負責切對半，另一個人可以選蛋糕」的規則。

解說 **乍看是數學謎題，但實際上是有關社會情理的有趣問題。**

各位可能會覺得這個問題與其他的數學謎題相比古怪了一點。心地善良的你或許會認為：「把蛋糕切成一半不就好了嗎？」不過這次，就將問題中的2個人設定為任性的小孩子好了。這時候即使說要切成一半，也難保切蛋糕的人不會偏心地將自己的份切大塊一點。

因此，正確答案才會是「制定其中一個人負責切對半，另一個人可以選蛋糕的規則」。對切蛋糕的孩子來說，如果切法稍微有些偏差，對方就會拿走比較大的那一份，那麼這個孩子自然就會盡可能「切成剛好一半」。

像這樣在彼此追求最大利益的過程中，找出並設定2個人可以妥協的地方，這種思維在數學上被稱作「賽局理論」。賽局理論主要用在經濟學等領域，譬如「在什麼時間帶分配什麼廣告，對各企業來說才是平等的」等等，在日常生活中的各種場面都能見到賽局理論的應用。

Question.47

難易度

地平線在幾公里外？

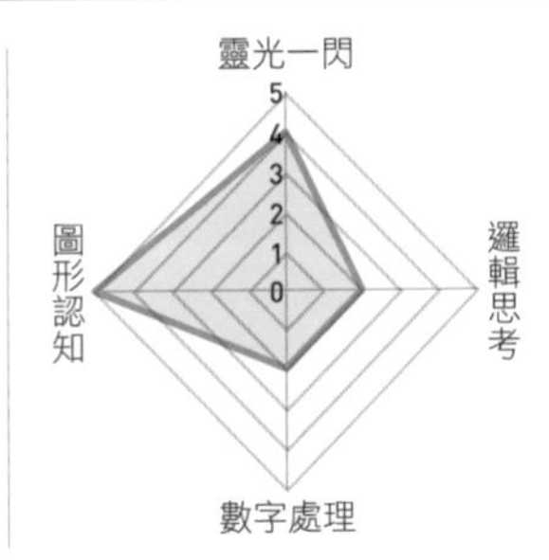

請問地平線在幾km外？
假設地球1圈的長度為4萬km，
而人位在平坦的地方。

HINT

進行精確的計算也好，憑直覺回答也沒有關係。

不妨試著從過去的記憶中，回想位在遠處的船隻會是什麼樣子。

Answer

約5km。

解說　**地平線意外地很近，只在5km外的位置。**

在這個問題中，將你的身高設定為180cm。這麼一來可以進行下圖般的計算。

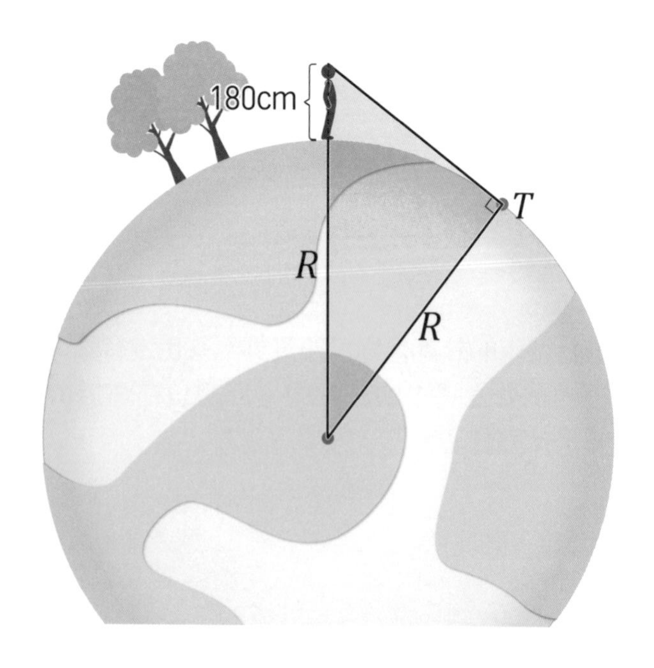

假設現在你站在地球上，並能望見遠方的地平線。地平線，也就是從你的視線延伸出去並與地球相接的點，這個點設為T。

在這個圖中，只要知道從你所在的位置到T的距離，就能得出你與地平線之間的距離。如果裁下前頁的圖中必要的部分，就能重新畫為下圖。

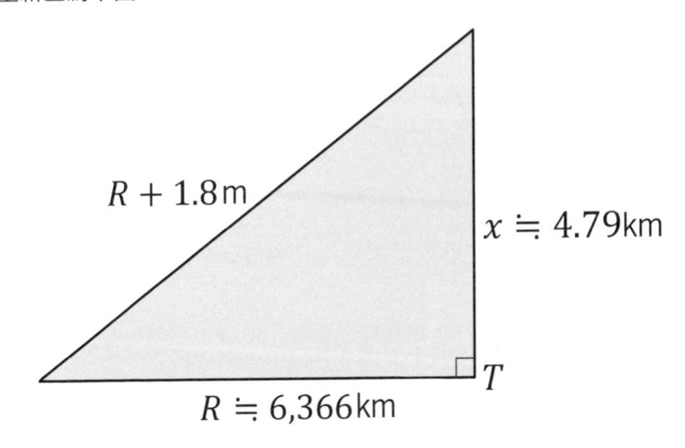

這個圖是個直角三角形。各位還記得這個直角三角形嗎？只要運用國中數學所學到的「畢氏定理」（商高定理），就能求出答案。

將想求出的距離設為x，地球的半徑設為R。因為地球1圈的長度是4萬km，所以$2\pi R = 40{,}000$，$R \fallingdotseq 6{,}366$ km。已知$(R + 0.0018)^2 = x^2 + R^2$，因此將上面的數值代入$R$，就能得到$x^2 \fallingdotseq (6{,}366 + 0.0018)^2 - 6{,}366^2 \fallingdotseq 23$，$x \fallingdotseq 4.79$km，答案就是地平線大約在5km外的位置。

雖然常見到「地平線的彼端」這種優美的形容，但一想到這僅表示5km外的地方，聽起來就讓人感到有些失望呢。

進階問題

如果用你自己的身高來計算，那麼地平線的距離會改變多少呢？

Answer

雖然每個人的身高不同，但150～180㎝的範圍內幾乎只能算是誤差，到地平線的距離約5㎞這個答案不會有什麼變化。

解說 實際改變數值來算看看吧。

若將人的身高設定為150㎝，那麼可以將前面的算式$(R+0.0018)^2=x^2+R^2$中的「0.0018」換成「0.0015」。這樣算下來，$x=4.37$。

如果身高190㎝，$x=4.92$。40㎝的身高差，地平線的距離差距也僅有550 m，可知身高的影響其實並沒有很大。

Question.48

難易度

公車的前進方向

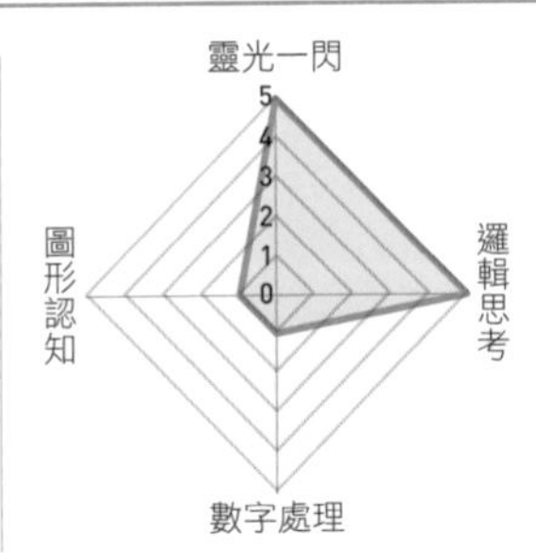

這輛公車往哪個方向行進？

HINT

這個問題是慶應小學曾經出過的考題。也就是說，答案不需要什麼艱深的知識。

提示是「這裡是日本」(日本車道是靠左行駛)。

Answer

B

解說　這個問題只要想像實際的狀況，就能找出答案。

乍看之下是道沒有線索的難題，但其實只要注意公車看得見的部分，就能發現沒有上下車的車門。換句話說，這個圖畫的是看不見車門的那一側。因此可以知道，公車會往B的方向行進。

難易度

Question.49

生男生女的機率

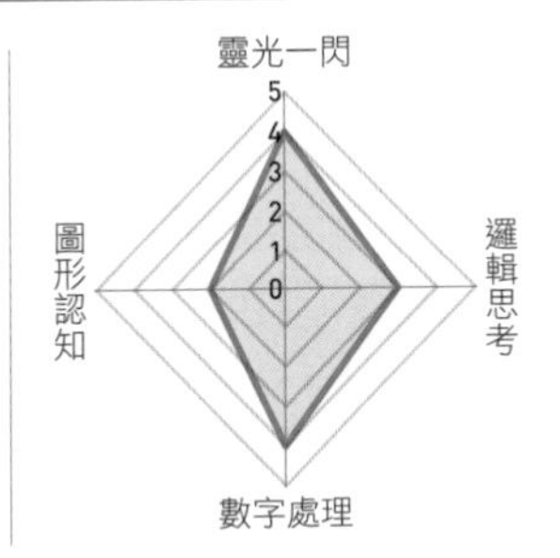

某對夫婦有2個小孩。在已知其中一個小孩是男生的情況下，另一個小孩是男生的機率為多少？另外，生女與生男的機率是相同的。

HINT

答案不是1／2。只要列出所有情況，應該就能看出答案。

Answer

1／3

其中一人為男生的組合有以下這3種。

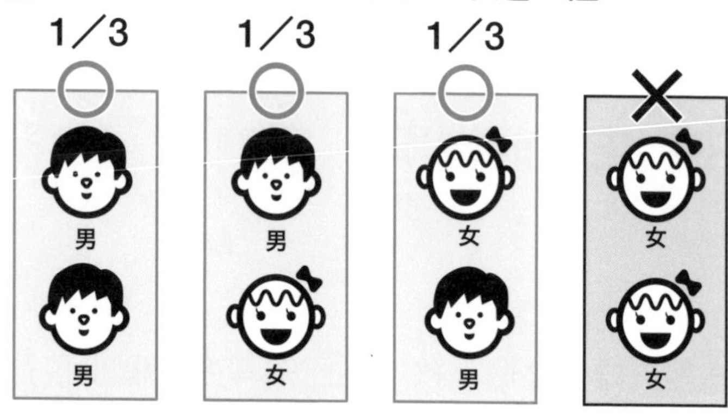

因為3種的機率都相同，所以2個小孩都是男生的機率為1／3。

解說 這是非常容易誤解的機率問題。

大概有很多人都以為是1／2吧，不過正確答案其實是「1／3」。

在考量機率時，列舉所有可能性是很重要的一環。在已知其中一個是男生的情況下，按照出生順序與性別列出所有可能的排列組合，就能看出答案。

如果依（第一子、第二子）的形式寫出來，那麼就有（男、女)、(女、男)、(男、男）這3種組合。因為生男生與生女生的機率相同，所以這3組發生的機率也都是相同的。

因此，這3組中每一組發生的機率都是1／3。既然題目問的是2個小孩都是男生，那機率也就會是1／3。

問題的精髓在於「已知的男生不曉得是第一子還是第二子」。如果不能妥善消化追加資訊，那麼這個問題就可能變得很棘手。

Question.50

難易度

沙發問題

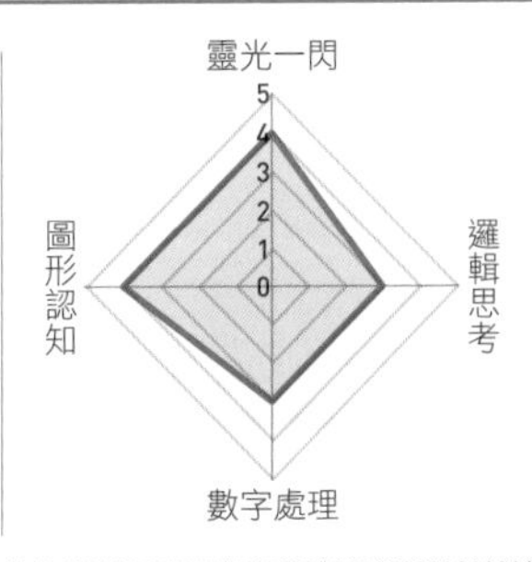

如圖所示，
有條通道寬１ｍ，而且有著一個為直角的轉角處。
假設有個沙發可以完全通過這個轉角處，那麼這個沙發的尺寸最大可以到多大呢？

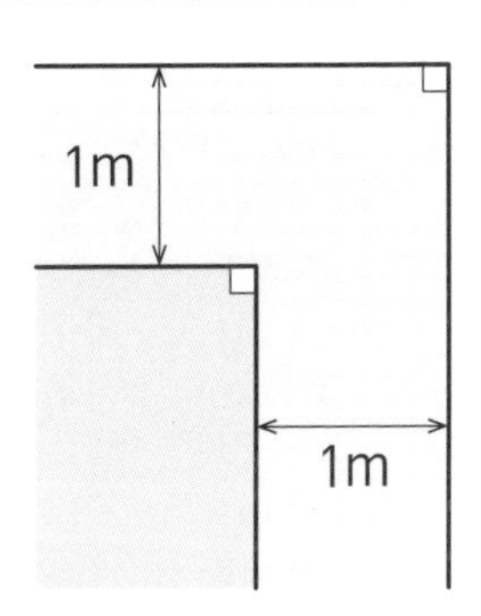

HINT

這是被稱作沙發問題的著名數學難題。一開始先在心中想像一個形狀，然後實際抵著圖片試試看是否能順利通過，或許有助於思考怎樣的尺寸才合適。

Answer

2.219 m^2以上，如古典電話話筒般的形狀（這題是未解謎題）。

解說 乍看之下簡單，卻始終未能解決的沙發問題。

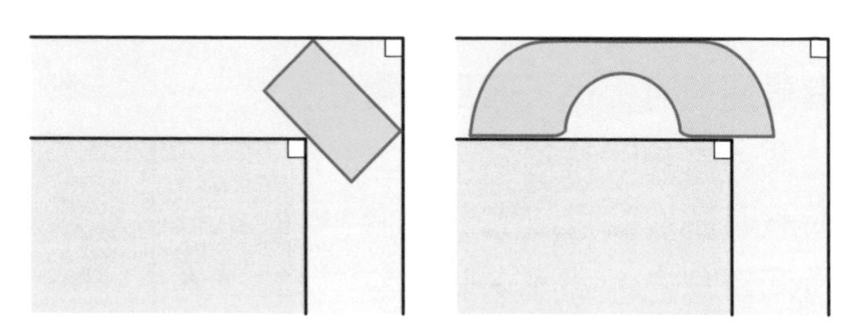

如左上的圖示，各位腦中可能會想到這種長方形沙發準備要彎過轉角的樣子，但其實這不是最大尺寸，現今已知最大的形狀是如右圖那樣的話筒形沙發。實際上，這個問題是一道「未解謎題」。

也就是說，目前還沒有任何數學家找到最大的沙發面積。惟已經得到證明的是，面積再怎麼大也不會超過2.37 m^2。各位別急著說：「不要出連數學家都不知道的題目！」相信各位在讀到這段解說前，也不知道這個看似簡單的問題其實仍困擾著世界上的研究者們。

一個數學謎題是否困難，並非由是否貼近生活，或數學意義是否好懂來決定。反過來說，這也正是數學最好玩的一點。

Question.51

難易度

祈雨的祕密

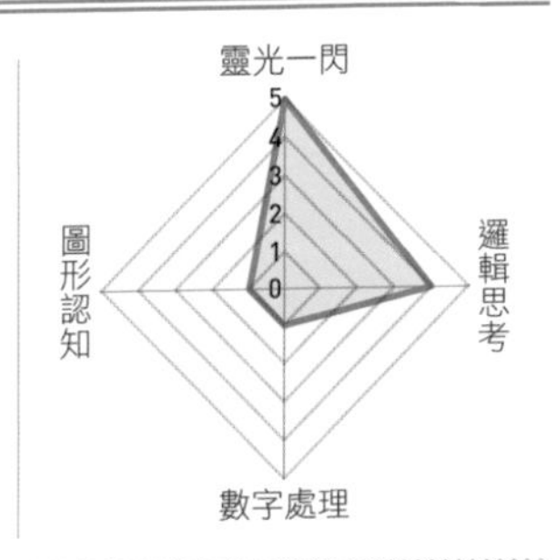

據說有個民族只要祈雨，就一定會下雨。
究竟為什麼會發生這種現象呢？

HINT

這或許需要一些靈感才能想到答案。這與地區沒什麼關係。而且，說不定你自己也能實現這種奇蹟。

Answer

只要持續祈雨到下雨就好。

解說 **雖然聽起來像腦筋急轉彎，但因為有人會用這種邏輯來詐騙，所以需要多加小心。**

這個問題最關鍵的核心在於「沒有寫什麼時候會下雨」。

因此，無論是明天還是1年後下雨，只要持續不斷地祈雨直到下雨，那就可以說祈雨是成功的。

只要不是地球上從今以後都不會再下雨的地方，哪怕是在沙漠的正中央祈雨，總有一天也會下雨，這樣當然也可以說祈雨是成功的。雖然等到下雨的時候，都已經世代交替了也說不定。

這個回答乍看之下是歪理，不過在數學的領域中，即使是「理所當然的事」或「常識」，只要未經過證明或定義，就不可以使用。

當我們用數學做出許多「好像是這樣吧？」的推斷時，之所以不會發生根本性的錯誤，甚至是互相衝突的矛盾，都是因為古往今來的人們嚴格遵守了這個原則的緣故。

Question.52

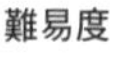
難易度

男人在某場派對上的推理

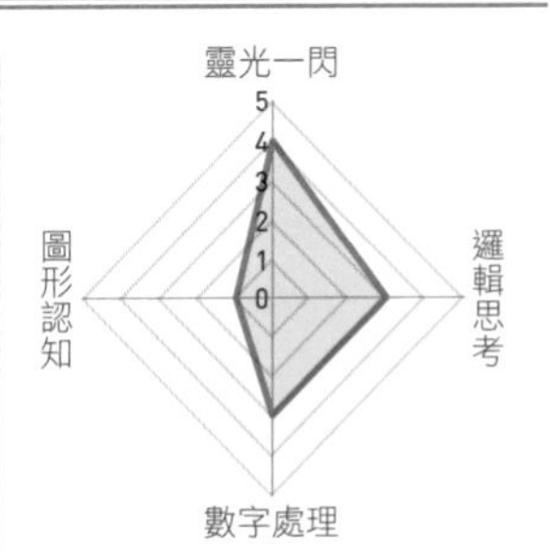

在某場派對上，有個男人說了這麼一句話：

「這裡一定有生日相同的人。」

為什麼男人會這麼想呢？

HINT

想像實際的場面或許更有助於思考。

如果派對會場只有這個男人與另外一個人，那麼男人還可以說「這裡一定有生日相同的人」嗎？

Answer

因為參加這場派對的人有367個人以上。

解說 **這個問題與「鴿巢原理」這個著名的數學原理有關。**

答案是「因為參加這場派對的人有367個人以上」。為什麼367人以上的人數參加時，就一定會出現生日相同的人呢？

這邊要介紹一個著名的數學原理，稱為「鴿巢原理」。

假設鴿子有10隻，鴿巢有9個。如果想讓這些鴿子盡可能分散到所有鴿巢中，因為鴿巢數量比鴿子少，所以一定有某個巢會重複。換句話說，必定有某個巢住著2隻以上的鴿子。

這個看似理所當然的事實，被稱作「鴿巢原理」。

在這次的問題中，鴿子是派對參加者，鴿巢是生日。含閏年的生日總共只有366天，那麼只要有367個以上的參加者，就一定會有2人以上在同一天出生。

這個乍看平淡無奇的原理，其實運用於所有數學證明中。正因數學是「質疑理所當然」的學問，所以「更加重視理所當然」。

順便一提，如果參加者為23人，那麼就有50%的機率出現生日相同的2人組。如果參加者為70人，那麼機率就會提高到99.9%。隨著人數增加，機率也會不斷提高，到了367人時就會變成100%。

不過要注意的是，這個機率並非「與自己相同生日的人存在的機率」，而是「生日相同的2人組存在的機率」。在集結70人時，男人所說的話已經有99.9%的機率符合了，但想要提升到100%，還是必須到達367人以上這個條件。這點相當有數學的感覺呢。

什麼是「鴿巢原理」？

進階問題

請舉出3個左右的例子，表示有13個人時，可以說「至少有1組的○○是相同的」。

Answer

性別、血型、誕生月、星座等等。

解說 **只要種類數量限定在某個範圍內，那麼種類數＋1就符合問題了。**

以血型來說，因為有A型、B型、O型、AB型4種，所以只要有5個人，必定會有某2個人是相同的血型。

而如果是誕生月或星座，那麼只要有13人就至少會有1組相同的人出現。

Question.53

難易度

井字遊戲

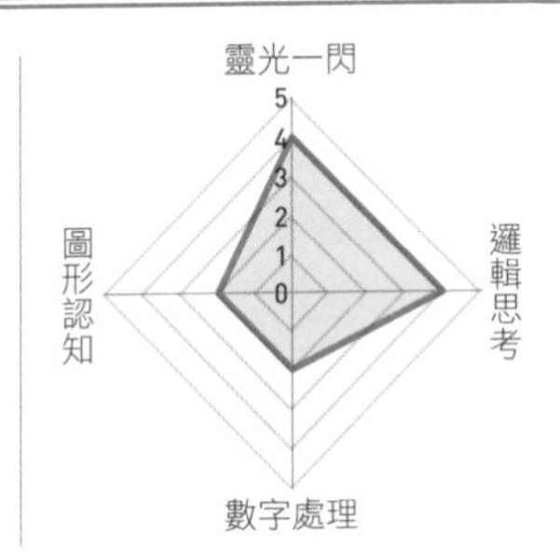

在「井字遊戲」中，先攻與後攻哪一方比較有利？

《井字遊戲的規則》

❶先攻在9個格子中選擇1個打上○

❷後攻在剩下的格子中選擇1個打上×

❸輪流在剩下的格子中打上○與×，先在直、橫、斜連成一線的那方勝利

HINT

這個問題的關鍵在於窮舉所有可能的情況。先思考先攻在哪裡打上○，接著想這時的後攻應該要怎麼下。

若後攻無論怎麼下，先攻都會贏的話，那就可以說先攻比較強。

Answer

若彼此下法都沒有出錯，那一定會變成和局，因此並沒有哪一方比較有利的情況。

解說 終於要解開孩提時代玩過的遊戲的真面目。

這道題目與大家小時候可能挑戰過無數次的「井字遊戲」有關。其實「井字遊戲（圈圈叉叉）」具有「只要彼此都沒出錯，必定會和局」的特性。以下就舉出一個例子。

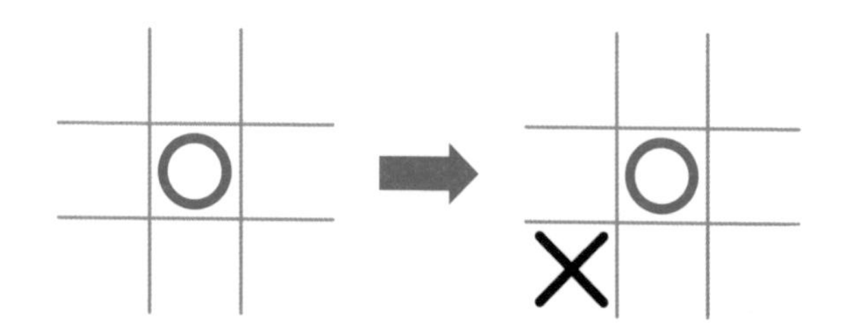

若先攻下在正中央，接著 × 下在某處的斜角，這樣就能防止先攻的先手必勝。

換句話說，在 × 下在某處斜角後，先攻無論怎麼下，只要 × 都能順利阻擋連線，最後就可以引導至和局的局面。

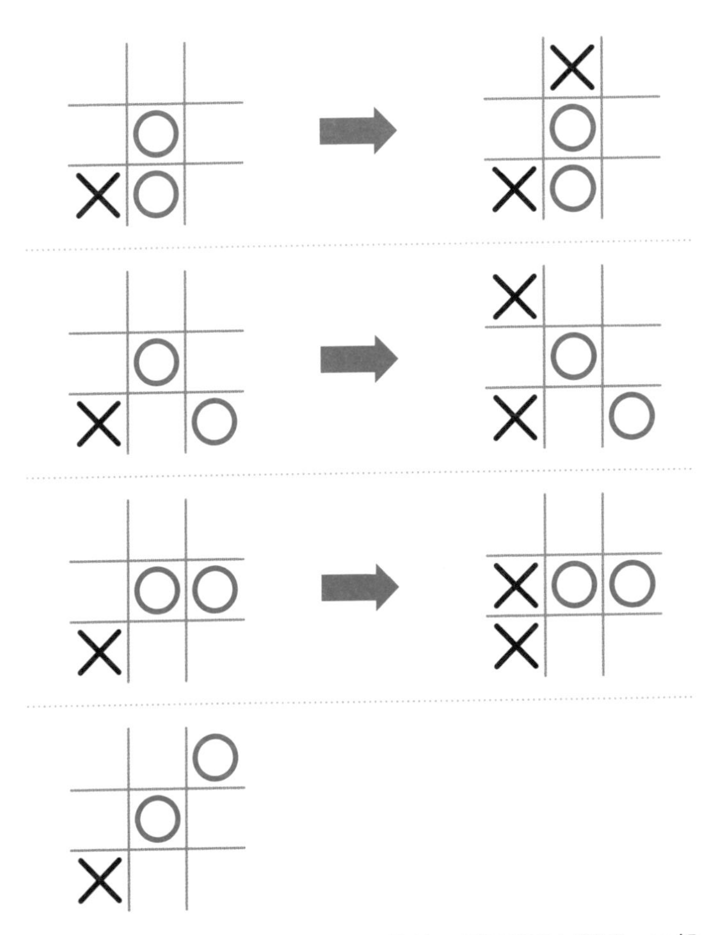

如上圖所示，雖然〇的下法有好幾種，但不管下在哪裡，× 都可以打成平手。因此可以說，其實井字遊戲「在數學上」並沒有有利或不利之分。

如果想要進行更嚴謹的證明，就必須模擬先攻下在角或下在邊上時，是不是也可以造成和局。雖然需要證明的局面非常多，但只要扎實地演練，就知道不論先攻還是後攻，只要不出錯就會進入和局。各位不妨親自確認看看。

進階問題

你現在處於○的先攻立場。當後攻在邊上打 × 後，接著要在哪裡打○才可以得勝呢？

Answer

放在對手打 × 處鄰近的角就好。這麼一來決定了對手接下來下 × 的位置，接著在鄰接2個○的位置再下1個○，就必然能獲勝。

解說 實際畫出來看看吧。

把○下在對手的 × 旁邊，你就快達成斜向的連線了。這麼一來，對手只能把 × 下在特定位置。再接著，只要你在鄰接2個○的邊的位置下○，就能排成2條連線，最後必定能夠獲勝。

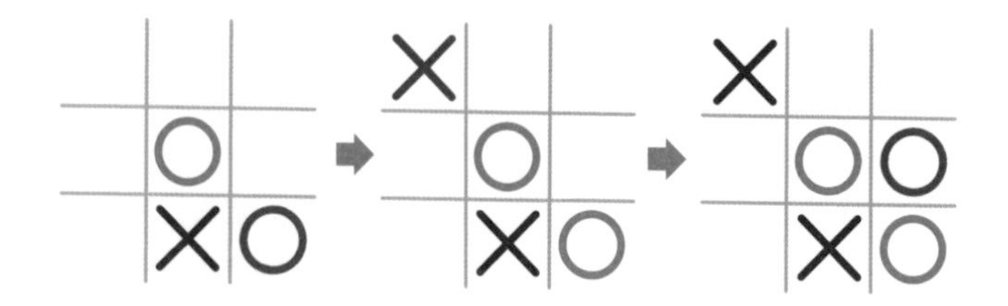

Question.54

難易度

乘法的特性

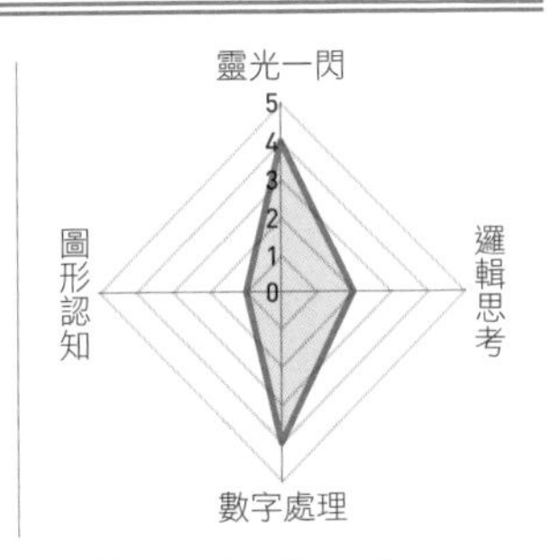

從1乘到10，
最後1位數字是什麼？
從1乘到10為止的奇數，
最後1位數字又是什麼？

HINT

一個一個計算後，應該能察覺某個法則。

Answer

從1乘到10，最後1位數字是0。
從1乘到10為止的奇數，最後1位數字是5。

解說　**其實不需要經過計算也能找到答案！**

各位是否真的乘看看了呢？從前面的數個題目親眼見識到乘法會讓數值爆炸性增長的事實後，想必各位會對實際進行乘法運算感到猶豫吧。這裡先從1乘到10的情況來看吧。

無論從1乘到9後會是什麼數字，因為最後都要再乘上10，所以數字的末尾一定會有1個0，亦即最後1位數字是0。

接下來假設A＝1×3×5×7×9，那麼這個A的最後1位數字是什麼？由於5以外的1、3、7、9全都是奇數，所以相乘後的數值也會是奇數。也就是說，1×3×7×9的最後1位數字會是奇數。要說為什麼，則是因為若最後1位數字是偶數，那麼這個數本應可以用2除盡，但這樣就與1×3×7×9後為奇數這個結果產生矛盾了。

最後1位數字為奇數的1×3×7×9若再乘上5，不論這最後1位的值是哪個奇數（1、3、5、7、9），從九九乘法的運算可知，乘上5的結果，最後1位還會是5。因此，A＝（1×3×7×9）×5，其最後1位數字會是5。

以此類推，從1乘到超過5的任何一個數時，最後1位數字都會是0；而只有奇數的乘法運算中，最後1位則都會是5。

難易度

Question.55

★★★☆☆

新幹線座位數量的數學理由

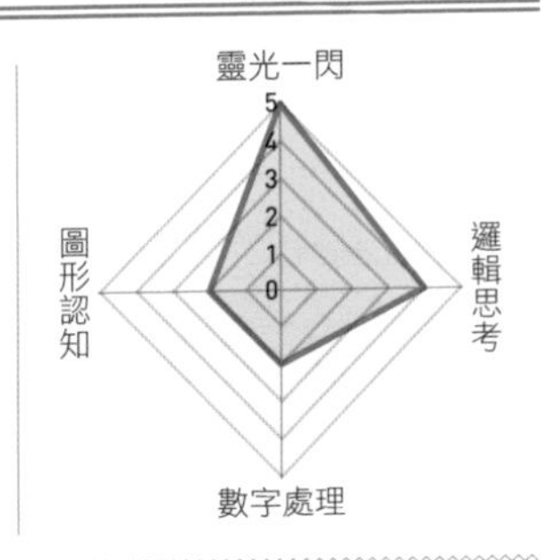

新幹線的座位會分成2人座與3人座。
這在數學上的理由是什麼呢？

HINT

請試著想像實際坐在座位上的情況。這其中有著數學令人驚喜的一項特質。

Answer

當2人以上搭乘時，可以讓坐在旁邊的人一定是認識的人。

解說 **這是生活中最具代表性的數學應用範例。**

假設現在你與朋友共計7人一起去旅行。在只有2人座的公車上，會有1個人旁邊不是坐著朋友。

但是在新幹線上，只要運用2個2人座與1個3人座，就可以讓所有人旁邊都坐著朋友。其實無論任何人數的旅行，都能在新幹線上這麼坐。

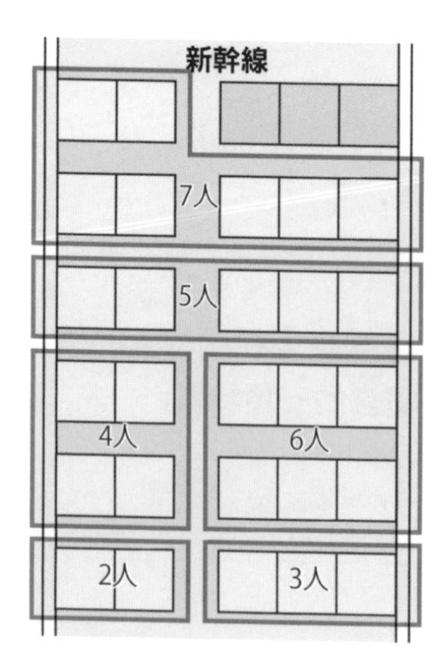

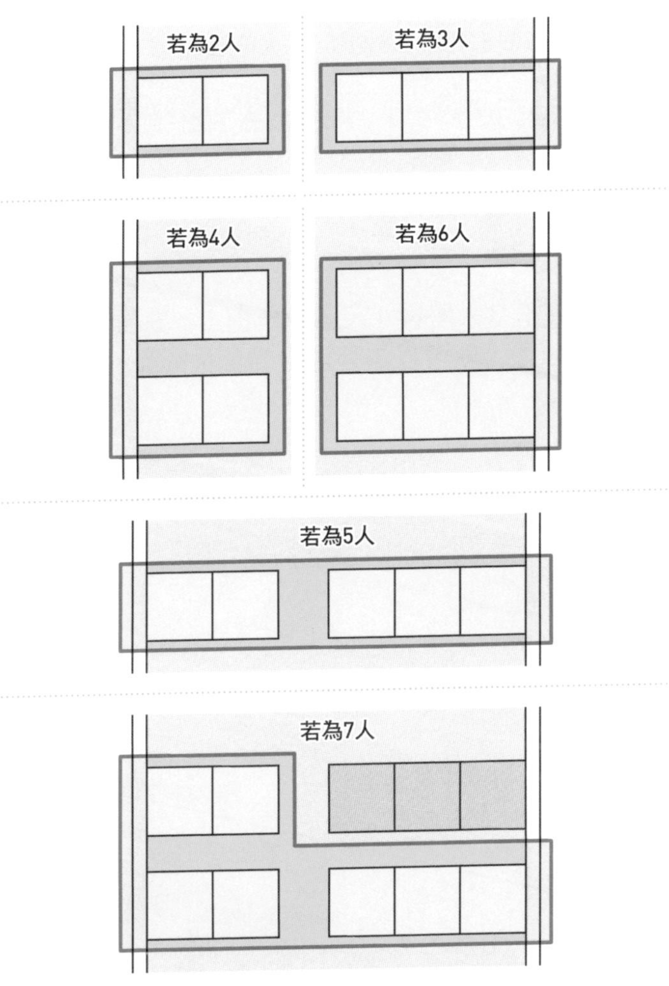

若人數合計為偶數，所有人都坐在2人座就可以了。如果沒有這麼多2人座，那麼用2個3人座，或4個、6個……等偶數個3人座，最後剩下的人再用2人座，就可以剛好坐滿偶數個人。倘若人數合計為奇數，那麼用1個3人座，其他人都坐在2人座，就可以坐滿奇數個人了。

如果沒有這麼多2人座，那麼用3個3人座，或5個、7個……等奇數個3人座，最後剩下的人再用2人座，就可以剛好坐滿奇數個人。

新幹線的座位之所以如此設計，就是為了讓任何人數的乘客，最後都能坐在朋友的旁邊。

進階問題

若是在有3人座與4人座的飛機上，那麼只要幾個人以上，就可以讓旁邊坐的全是認識的人？

6人以上。

解說　**實際畫出來確認吧。**

只有3個人或4個人時，直接坐在3人座或4人座上即可，但如果是5個人，就無法順利排列出適當的組合。而如果是6個人，那麼坐在2個3人座上就好。因此，只要人數在6人以上，就可以讓旁邊坐的全是認識的人。

難易度

Question.56

A同學與B同學的成績

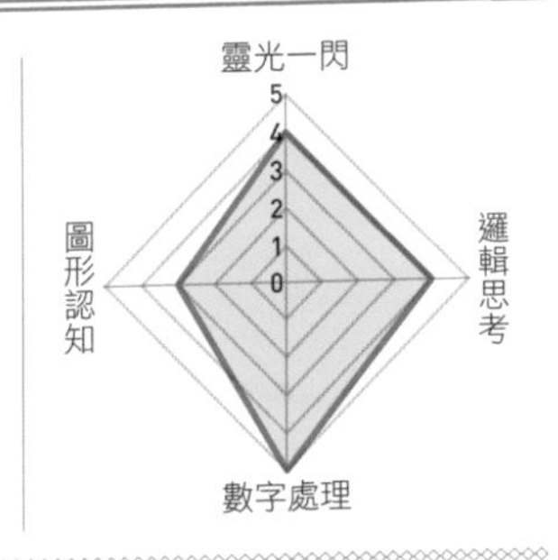

A同學與B同學接受同一場測驗，測驗分成前後2次進行。測驗允許可以在作答幾題後下次再繼續作答，而這2人選擇在不同的題目結束第1次作答。

最後前後2次的測驗結果如以下所示。

A同學：第1次答對7成，第2次答對4成

B同學：第1次答對9成，第2次答對5成

雖然前後2次都是B同學的正確率較高，但最後卻是判斷A同學比較優秀。

究竟在這之中發生了什麼事呢？

HINT

這是著名的數學謎題。比例問題可以透過具體的數字來想像實際情況。

Answer

2個人第1次與第2次作答的題目數量不同，才發生了這種事。

解說 不可思議的辛普森悖論。

用1個具體例子來思考吧。假設全部題目的數量為110題，而A同學第1次做了100題，第2次做了10題，這麼換算下來A同學的正確解答數為70＋4＝74題。

相反地，B同學第1次做了10題，第2次做了100題，換算下來B同學的正確解答數為9＋50＝59題。從結果來看，B同學的成績比A同學還要差，這可以說是理所當然的。

接下來以高中棒球為例。

在高中棒球生涯裡，100次打席而打擊率1成的選手，敲出的安打就是10支。另一方面，如果有個選手只有1次打席，卻在那次打席打出1支安打，那這位選手的打擊率就是10成。這樣可以說打擊率10成的這位選手比較優秀嗎？

各位也沒辦法完全肯定這種說法吧。換句話說，「如果整體不一樣，那麼比較比例就是沒有意義的」。在A同學與B同學的例子中，乍看之下全部110題是共通點，但其實知道的只有各自前後2次的比例，2個人前後2次的作答數並不相同。因此，即便部分的正確率比較差，但最後結果的正確率逆轉的情況確實有可能發生。

Question.57

難易度

1年長3歲？

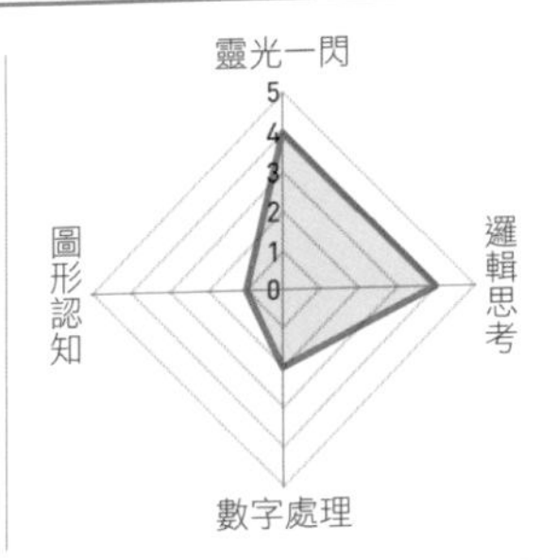

前天是19歲，
明年是22歲，
那麼今天是幾月幾日呢？

HINT

這種情況真實存在。實際確認聯想到的日期與生日吧。

Answer

1月1日。

解說 **直覺不可能發生的事，也有可能真實存在。**

前天是19歲。就算才剛剛成為20歲，又該怎麼解釋明年會變22歲的情況？

以下2種解說方式，哪一種比較容易理解呢？

方式❶

明年22歲，也就是說今年會成為21歲。這麼一來表示現在是20歲，而今年的生日還沒到。但因為前天是19歲，所以昨天是生日。既然昨天的生日是去年，也就代表昨天的日期是12月31日，而今天是1月1日。

方式❷

假設生日是昨天，滿20歲。如果生日的隔天會換一個新年，那因為這年會是成為21歲，所以明年會成為22歲。既然如此，那代表這個人的生日是12月31日，而今天是1月1日。

2021年		2022年				2023年			
12/30	12/31	1/1	…	12/30	12/31	1/1	…	12/30	12/31
19歲	20歲	20歲		20歲	21歲	21歲		21歲	22歲

難易度

Question.58

在賭博中，接下來還能拿回多少？

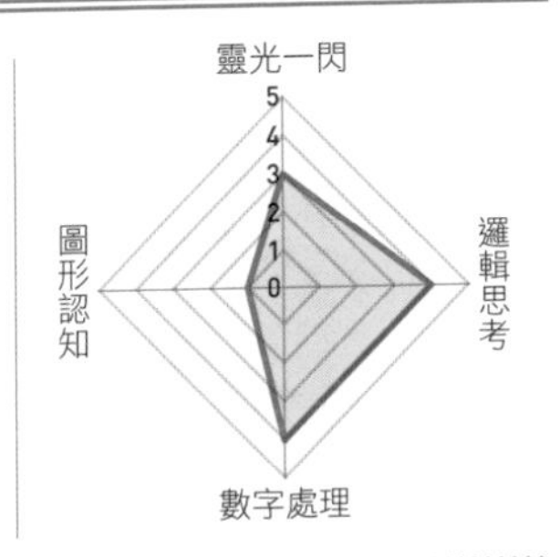

在某場能以50%的機率獲勝的賭博中，成績已經是10戰2勝8敗。若想再繼續進行90戰，最終獲得比50勝50敗還要好的成績，其機率會比50%大嗎？還是比50%小呢？

HINT

因為是能以50%機率獲勝的賭局，所以100局後的結果會是50勝50敗……事實上並非如此。在這次的例子中又是如何呢？

Answer

比50%小。

解說　**「總有機會扳回一城」這種想法非常危險。**

如果在一開始就猜測能否勝多於負，那當然機率各會是一半一半。

但現在已經進行了10戰，成績為2勝8敗，那剩下的90戰就必須取得比48勝42敗更好的成績，才能說勝多於負。

雖然90戰後取得45勝以上的機率確實是50%，但48勝以上的機率就會比50%小，因此答案為比50%小。

舉更簡單的例子，假設現在猜拳是8戰3勝5敗，那麼想要再猜2次拳取得5勝5敗的成績，就等於接下來要連續猜贏2次，其機率只有25%。像這樣無論在何時、哪裡猜拳，勝利的機率都不會變。

機率會隨著考量的情況不同而產生變化，實在是難解的問題呢。

Question.59

難易度

如何分隔土地

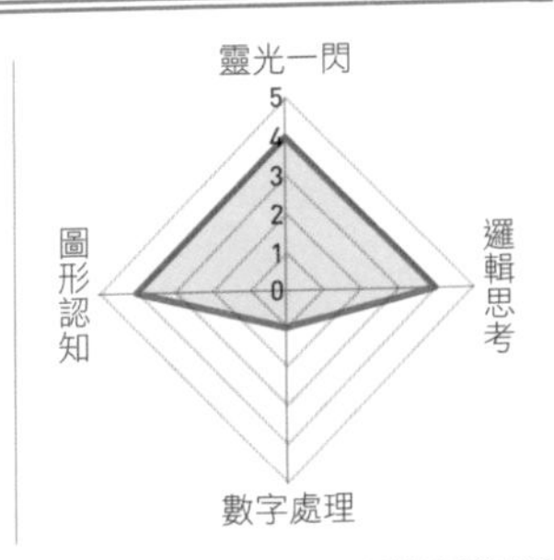

現在有16隻羊
在4 m×4 m的柵欄裡。
想要每4隻分成1組時，
可以用8 m的柵欄，從中間
以十字形的方式將羊隔開。
那麼是否有使用11 m柵欄的
方法將羊同樣分成4隻1組呢？

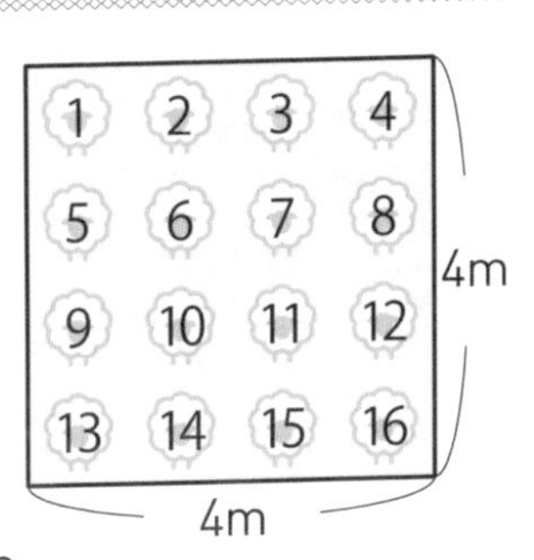

HINT

一開始可以隨意地放置柵欄，思考總共需要幾m的柵欄，接下來再慢慢調整到柵欄總長為11 m……用這個方法說不定就能找出答案。

Answer

如下圖所示。

解說 **用11 m這個奇妙的柵欄長度來分隔羊隻意外地困難。**

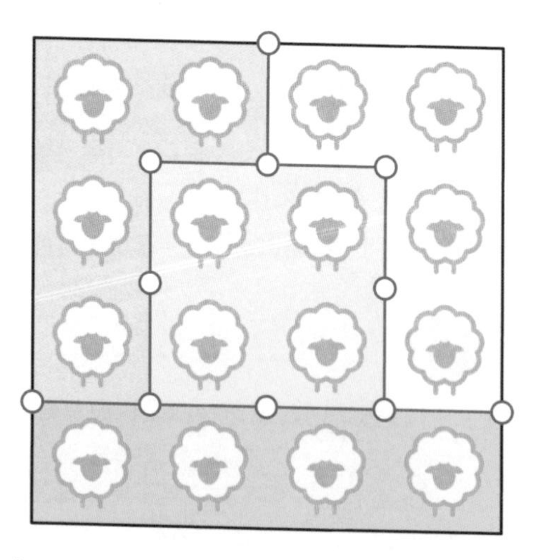

想要分成4組時，即使隨意分隔，應該多半也都會用到偶數m的柵欄才是。想使用11 m這個奇數m的柵欄長度來分隔，只有這個答案才能做到，出乎意料地頗為困難。

難易度

Question.60

用覆面算
做做大腦體操

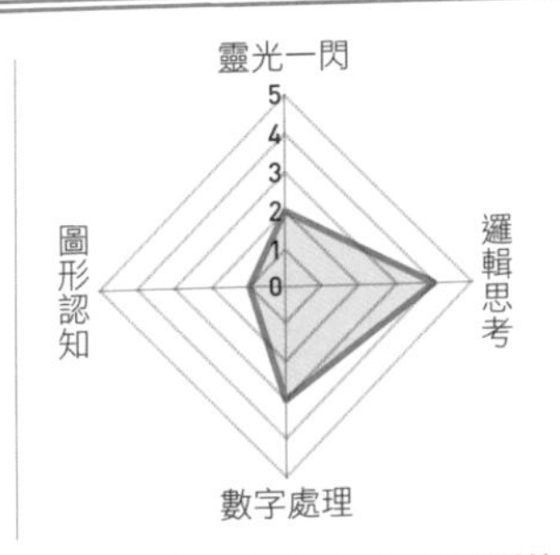

以下每個字母各可以取代1個1到9的數字。
請將以下由字母組成的算式全部改為數字。

① SEND＋MORE＝MONEY
② GIVE×ME＝MONEY
③ KYOTO＋OSAKA＝TOKYO

HINT

這就是著名的數學遊戲「覆面算」。第1個提示是「M」的部分。當4位數＋4位數會變成5位數時，在這個瞬間就確定了「M」的數字。

Answer

① SEND ＋ MORE ＝ MONEY

9567 ＋ 1085 ＝ 10652

② GIVE × ME ＝ MONEY

1092 ＋ 72 ＝ 78624

③ KYOTO ＋ OSAKA ＝ TOKYO

41373 ＋ 32040 ＝ 73413

解說 **自100年前起就廣受歡迎的數學遊戲。**

這是一種名為「覆面算」的數學遊戲。將數字代入每個字母來尋找答案吧。

這邊只解說第1題的解法。首先可以注意到「MONEY」的「M」。將2個4位數的數字加起來會變成5位數，由此可知「M」就是1，那麼可以轉寫成「SEND＋1ORE＝1ONEY」

接著已知「SEND」的「S」加上1會進位；即使算進百位數的進位，「S」也只能是8或9。另外，還能知道「1ONEY」的「O」會是0或1。因為已經知道「M」是1，所以「O」必定會是0。

像這樣逐步判別每個字母替代的數字，就能還原剩下所有字母。最後還請各位親自試試看，自行解開剩下的字母與題目。

難易度

Question.61

至少連勝了幾場？

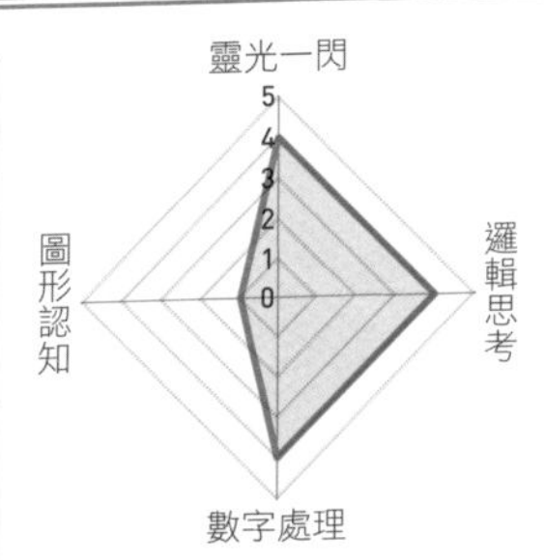

某個人留下了將棋29勝1敗的成績。
從先手番與後手番各自的成績來看，
兩方都至少連勝了幾場？

HINT

在30場比賽中，我們不知道先手番與後手番各自的次數為幾次。

若假設後手番有1敗，那麼從先手番與後手番連勝次數最少的情況來思考或許就能找出答案。

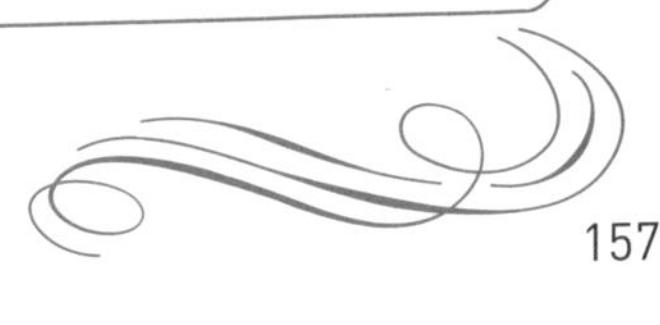

Answer

10連勝。

解說

先手番10連勝，後手番10連勝後嘗到1敗，之後再9連勝，就是連勝次數最少的例子。

很可惜的，14連勝並不是答案。

只有在先手番與後手番的成績合在一起算的情況，14連勝才會是答案。然而在這個問題裡，先手番與後手番是分開算的。或許有人會說：「如果不知道先手番與後手番各為幾次怎麼知道答案！」但其實最少連勝了幾場是可以知道的。

首先，29勝1敗，表示先手番與後手番其中有一方是全部勝利的。若假設先手番全勝，那就是在後手番有1敗。

此時可以思考，如何讓先手番連勝次數最大化，而後手番又至少連勝了幾次。若在後手番有1敗，那麼想要讓連勝次數降到最少，就必須輸在正中間（以10勝1敗來說，5連勝→1敗→5連勝是連勝次數最少的情況）。因此，後手番次數除以2所得到的數（若有小數點則進位），就是後手番最少的連勝次數。至於先手番，只要與這個連勝次數相等即可，所以只要將29除以3，再讓小數點進位，就能得到10這個答案。

由此可知，至少先手番與後手番兩方都連勝了10次。

後記
～工作人員的話～

日常生活中走在街上或用餐時，腦中偶然浮現出的疑問，有時候會直接變成有趣的數學謎題。在本書中，我試著將這些生活上的「為什麼」編寫成題目了。

（**渡邉 峻弘**　math channel成員）

或許各位會質疑算術、數學到底對將來有什麼幫助？其實只要正確運用算術與數學，就能在小事上得到一點優惠，也不會被人欺騙，還可以讓生活變得更有趣，有各式各樣的好處。還請各位透過這次的題目體驗看看。

（**宇都木 一輝**　math channel成員）

從我們身邊的小物品到建構人類世界的偉大結構，都是在某些人的技術下所創造的。而這些技術最重要的元素之一，就是大量的算術與數學。我希望各位可以藉由本書發掘算術與數學這層濾鏡，並透過這層濾鏡看到這個世界的全新樣貌。

（**西脇 優斗**　math channel成員）

在吃東西、購物、玩遊戲、出門逛街，還有當然地，學習算術或數學的時候，我們偶爾會遇到自己認為「好有趣」或「想趕快告訴其他人」的數學趣味所在。我細心統整，並透過本書向各位拋出了許多謎題，這些謎題都充滿了算術與數學引人入勝的無比魅力。若各位能從中得到感動與啟發，發現原來這些地方也有數學，那就是我的榮幸。

（**横山 明日希**　math channel代表）

■作者簡介

橫山明日希

早稻田大學研究所數學應用數理專攻修畢。一生積極推廣算術與數學，
希望從幼兒到大人都能體驗數學的樂趣，人稱「數學哥哥」。
股份有限公司math channel代表、日本搞笑數學協會副會長。
（公財）日本數學檢定協會認證　幼兒算術上級輔導員。
著有《笑う数学》（KADOKAWA）、《理数センスを鍛える・算数王バトル》（小学館）等多部書籍與合著。
最新作品為《笑う数学 ルート4》（KADOKAWA）、《文系もハマる数学》（青春出版社）。

■STAFF
渡邉 峻弘（math channel）
宇都木 一輝（math channel）
西脇 優斗（math channel）

■参考文献
最新数学パヅルの研究（研究社）
数学パズル事典 改訂版（東京堂出版）
数学まちがい大全集（化学同人）

編集協力／ミナトメイワ印刷（株）、（株）エスクリエート
設計／（株）アイエムプランニング
封面／cycledesign

生活萬事問數學

出　　版／楓葉社文化事業有限公司
地　　址／新北市板橋區信義路163巷3號10樓
郵政劃撥／19907596 楓書坊文化出版社
網　　址／www.maplebook.com.tw
電　　話／02-2957-6096
傳　　真／02-2957-6435
作　　者／橫山明日希
翻　　譯／林農凱
責任編輯／王綺
內文排版／謝政龍
校　　對／邱怡嘉
港澳經銷／泛華發行代理有限公司
定　　價／350元
初版日期／2022年5月

國家圖書館出版品預行編目資料

生活萬事問數學 / 橫山明日希作 ; 林農凱翻譯. -- 初版. -- 新北市 : 楓葉社文化事業有限公司, 2022.05　面；　公分

ISBN 978-986-370-411-9（平裝）

1. 數學 2. 通俗作品

310　　111003248